クロスセクショナル統計シリーズ

6

保険と金融の数理

室井芳史
［著］

照井伸彦・小谷元子・赤間陽二・花輪公雄
［編］

共立出版

本シリーズの刊行にあたって

　現代社会では，各種センサーによるデータがネットワークを経由して収集・アーカイブされることにより，データの量と種類とが爆発的と表現できるほど急激に増加している．このデータを取り巻く環境の劇変を背景として，学問領域では既存理論の検証や新理論の構築のための分析手法が格段に進展し，実務（応用）領域においては政策評価や行動予測のための分析が従来にも増して重要になってきている．その共通の方法が統計学である．

　さらに，コンピュータの発達とともに計算環境がより一層身近なものとなり，高度な統計分析手法が机の上で手軽に実行できるようになったことも現代社会の特徴である．これら多様な分析手法を適切に使いこなすためには，統計的方法の性質を理解したうえで，分析目的に応じた手法を選択・適用し，なおかつその結果を正しく解釈しなければならない．

　本シリーズでは，統計学の考え方や各種分析方法の基礎理論からはじめ，さまざまな分野で行われている最新の統計分析を領域横断的—クロスセクショナル—に鳥瞰する．各々の学問分野で取り上げられている「統計学」を論ずることは，統計分析の理解や経験を深めるばかりでなく，対象に関する異なる視点の獲得や理論・分析法の新しい組合せの発見など，学際的研究の広がりも期待できるものとなろう．

　本シリーズの執筆陣には，東北大学において教育研究に携わる研究者を中心として配置した．すなわち，読者層を共通に想定しながら総合大学の利点を生かしたクロスセクショナルなチーム編成をとっている点が本シリーズを特徴づけている．

　また，本シリーズでは，統計学の基礎から最先端の理論や適用例まで，幅広

く扱っていることも特徴的である．さまざまな経験と興味を持つ読者の方々に，本シリーズをお届けしたい．そして「クロスセクショナル統計」を楽しんでいただけることを，編集委員一同願っている．

編集委員会　　照井 伸彦
小谷 元子
赤間 陽二
花輪 公雄

はじめに

　本書は「保険と金融の数理」というタイトルのとおり，生命保険，損害保険，金融で，どのように数学が用いられるかを解説した書物である．伝統的には，経済学部など文系学部で扱われていたこれらの話題は，金融・保険の高度化にともない高度な数学が利用されるようになり久しい．2000 年代に入ってこの流れは確固としたものとなり，経済学部のみならず理工系の諸学部でこれらの話題についての教育が行われるようになった．そこで，これらの分野について学んでみたい学部学生や大学院生を対象に，保険や金融の数学に関する本を執筆することとした．特に，理工系の大学 1,2 年生で学ぶ線形代数や微分積分，確率・統計を理解している学生ならば読み進めることができる本を目指した．数学をしっかりと学んだ経済学部の学生も，理工系の学生と同じように読み進められるものと思う．「読み進められる」と書くと簡単に読める本と勘違いする学生さんもいると思われることから，少しだけ注意をしておく．読み進めることができるというのは，楽々読めるという意味ではない．確かに本書は学部 2 年生程度の数学しか使っておらず，難しい前提知識を仮定した本ではない．その一方で，読み通すとなると膨大な計算をする必要に迫られるものと思う．それを一つひとつ確認することで，将来，抽象的な数学を学ぶ際の引き出しを作ってもらうことを意図して書かれている．そして，本書を読むことで，高度な数学を金融や保険の知識に応用したい学生が，そこではどのような問題があるのかを見てとることができるようになることを望んでいる．このような目標で書かれた本であるので，理解のしやすさを優先し，数学的な厳密さを犠牲にしているところがある．厳密さを犠牲にしてよいというつもりは全くない．ただ，この本が，なぜ専門課程でより複雑で難解なさまざまな事柄を学ぶのかを考え，より深く自分自身の専門分野や数学を学ぶきっかけとなることを望む．一方で，

専門課程でより深い数学を学んだが，その知識を金融・保険に役立てる方法を模索している学生や大学院生にも役に立つ本となっているものと思う．

それでは，金融や保険といった研究分野でどのような数学がどのように用いられ，どのような問題があるのかを概観していきたいと思う．

生命保険の数理

生命保険の数学は，生命保険契約にまつわる数理的な構造を扱っている．商品の構造に合わせて将来支払わないといけない保険金や将来受け取る保険料の割引現在価値を求めることを基本に，保険会社は保険金支払いにあらかじめどの程度積み立てておくべきかなど，さまざまな問題について考察を行うことを目指す研究分野である．近年は，株式（指数）などの価格と連動して支払いが決まる複雑な保険商品なども提案されるようになっているが，生命保険商品は，本来的には，人の生死や健康状態に従って保険金支払額や支払いタイミングが決まる比較的シンプルな商品構造をもつ金融商品である．シンプルな商品構造とは書いたが，（そんなことはありえないが）契約者が 20 年後に死亡することがわかっていて，そのときの支払額があらかじめわかっているようなケースにおいてすら，たとえばその 20 年間に金利はどのように動くのかで割引現在価値が変わるなど難しい問題もはらんでいる．もちろん，契約者がいつ死亡するかはわからないので，問題はずっと難しい．契約者の死亡タイミングを問題として扱うには，生命表といわれる表を用いて分析するのが普通である（表 1）．生命表は男女に分かれたものが，厚生労働省のホームページなどで公開されている．生命表は，ある年度に生まれた人たちが将来のある年まで生き残っている割合が記されている．もう少し詳しくいうと，ある年齢の者が 1 年以内に死亡する確率（死亡率）や，残りの生存時間の期待値（平均余命）を表にしたものである．この表を見ることで，保険契約者がどのくらいの確率でどのタイミングで死亡するかモデリングすることができる[1]．現在よく用いられている基本的なモデルは，金利を一定値にする代わりに，生命表をもとに契

---

[1] 生命表は少しずつ更新されていくものなので，その動き方を確率過程を用いてモデリングをする確率死亡率モデルなども提案されている．

表 1　第 21 回生命表（男）

年齢 x		生存数 l_x	死亡数 $_nd_x$	生存率 $_np_x$	死亡率 $_nq_x$	死力 μ_x	平均余命 $\overset{\circ}{e}_x$	定常人口 $_nL_x$	T_x
0	週	100 000	92	0.99908	0.00092	0.09375	79.55	1 917	7 955 005
1		99 908	11	0.99989	0.00011	0.01644	79.60	1 916	7 953 089
2		99 897	9	0.99991	0.00009	0.00170	79.59	1 916	7 951 173
3		99 888	7	0.99993	0.00007	0.00426	79.58	1 916	7 949 257
4		99 881	28	0.99972	0.00028	0.00347	79.57	8 983	7 947 342
2	月	99 853	19	0.99981	0.00019	0.00263	79.50	8 320	7 938 358
3		99 834	37	0.99962	0.00038	0.00197	79.43	24 953	7 930 038
6		99 796	43	0.99957	0.00043	0.00110	79.21	49 887	7 905 085
0	年	100 000	246	0.99754	0.00246	0.09375	79.55	99 808	7 955 005
1		99 754	37	0.99963	0.00037	0.00057	78.75	99 733	7 855 198
2		99 716	26	0.99974	0.00026	0.00026	77.78	99 704	7 755 464
3		99 690	18	0.99982	0.00018	0.00022	76.80	99 681	7 655 761
4		99 672	13	0.99987	0.00013	0.00015	75.81	99 665	7 556 080
5		99 659	11	0.99989	0.00011	0.00012	74.82	99 653	7 456 415
6		99 647	10	0.99990	0.00010	0.00011	73.83	99 642	7 356 762
7		99 637	9	0.99991	0.00009	0.00010	72.84	99 632	7 257 120
8		99 628	8	0.99992	0.00008	0.00009	71.84	99 623	7 157 488
9		99 619	8	0.99992	0.00008	0.00008	70.85	99 615	7 057 865
10		99 612	8	0.99992	0.00008	0.00008	69.85	99 608	6 958 249
11		99 603	10	0.99990	0.00010	0.00009	68.86	99 599	6 858 642
12		99 594	11	0.99989	0.00011	0.00010	67.87	99 588	6 759 043
13		99 583	13	0.99987	0.00013	0.00012	66.87	99 577	6 659 454
14		99 570	15	0.99985	0.00015	0.00014	65.88	99 563	6 559 878
15		99 555	19	0.99981	0.00019	0.00017	64.89	99 546	6 460 315
16		99 536	24	0.99976	0.00024	0.00021	63.90	99 525	6 360 769
17		99 512	30	0.99970	0.00030	0.00027	62.92	99 498	6 261 244
18		99 482	37	0.99962	0.00038	0.00034	61.94	99 464	6 161 746
途中省略									
89		25 141	3 646	0.85497	0.14503	0.14839	4.51	23 303	113 307
90		21 495	3 448	0.83959	0.16041	0.16615	4.19	19 752	90 003
91		18 047	3 171	0.82431	0.17569	0.18378	3.89	16 436	70 252
92		14 876	2 855	0.80805	0.19195	0.20290	3.62	13 421	53 816
93		12 021	2 515	0.79078	0.20922	0.22364	3.36	10 734	40 395
94		9 506	2 163	0.77245	0.22755	0.24614	3.12	8 395	29 661
95		7 343	1 813	0.75305	0.24695	0.27056	2.90	6 407	21 266
96		5 529	1 479	0.73256	0.26744	0.29704	2.69	4 763	14 859
97		4 051	1 171	0.71095	0.28905	0.32578	2.49	3 441	10 096
98		2 880	898	0.68823	0.31177	0.35695	2.31	2 410	6 655
99		1 982	665	0.66440	0.33560	0.39077	2.14	1 632	4 245
100		1 317	475	0.63949	0.36051	0.42746	1.98	1 065	2 613
101		842	325	0.61351	0.38649	0.46726	1.84	669	1 548
102		517	214	0.58652	0.41348	0.51044	1.70	402	879
103		303	134	0.55858	0.44142	0.55729	1.58	231	478
104		169	80	0.52977	0.47023	0.60811	1.46	126	247
105		90	45	0.50020	0.49980	0.66325	1.35	65	121
106		45	24	0.46998	0.53002	0.72307	1.25	32	56
107		21	12	0.43925	0.56075	0.78796	1.16	14	24
108		9	5	0.40818	0.59182	0.85837	1.07	6	10
109		4	2	0.37696	0.62304	0.93474	0.99	2	4
110		1	1	0.34578	0.65422	1.01761	0.92	1	1

この生命表は，厚生労働省のホームページ内にある第21回生命表（男）を抜粋して作成したものである．平成22年国勢調査による日本人人口（確定数），人口動態統計の確定数（平成22年死亡数，平成21年および平成21年出生数）を基礎資料として作成されている．

約者の将来の死亡確率をモデリングしながら，生命保険の価値を計算することであろう．本書でも，生命表を所与として保険金・保険料の割引現在価値を求めるアプローチを基本に，生命保険の価格を求めている．一方で，生死・健康状態などにいくつかの状態があり，その状態を遷移していくマルコフ連鎖を用いたモデリングやそれらのモデルにおける生存確率の数値計算法，近年話題となった変額商品の価格評価など多彩な内容を盛り込んでいる．また，生命表をよく近似するパラメトリック・モデルの構成や，そのモデルにおける生存確率の計算法など他書ではあまり見られない内容も盛り込んだ．生命保険数学の本は四則演算を中心とした初等的な数学のみを用いて記載されることが多い中，本書を読むことで生命保険数学にも比較的高度な数学を用いる場があるということを再認識していただけたらと思っている．

損害保険の数理・破産理論

破産理論は，1900年代の初頭にスウェーデンのアクチュアリーであるリンドベリにより研究が始まった．残念ながら，日本では研究者があまり多くない分野ではあるが，破産理論の研究は100年以上の歴史がある．特に，20世紀最後の10年程度は数多くの研究がなされた印象をもつ．破産理論における代表的なモデルでは，下側にのみジャンプをもつ複合ポアソン過程を基礎とする古典的なモデルを用いて，数多のモデルが考案されている（図1を見よ）．破産理論の古典モデルでは，一定額の保険料を得ることで保険会社の剰余金が積み上がっていく代わりに，たまに保険金の請求があれば支払いに応じなければならず，保険金支払いで剰余金が目減りするようなモデルを用いる．近年は，レビ過程など数学的により複雑なモデルを用いて分析されることも多いようである．このようなモデルにおいて保険会社の剰余金が負になる（つまり破産する）確率を計算するというのが，よく見られる問題であろう．ただ，破産理論は破産確率だけではなく，破産するまでの時間の確率分布の導出や，破産時の赤字額，破産直前の黒字額，いったん破産したとして黒字に復帰するまでの時間の分布の導出，税金や配当の効果，複数の保険会社がある場合にどのようなことが起こるかなど，本当に多くの研究がなされてきた．これらの計算では，ラプラス変

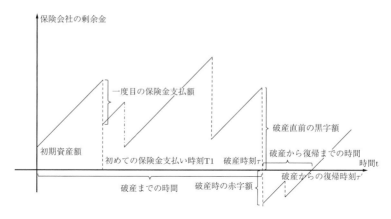

図 1 破産理論の概念図

換を基礎に計算を進めることが多いようである．本書では，連続モデルのみならず離散モデルにおける破産理論などにも触れて，マルコフ連鎖の再帰性と破産理論の関係などの話題についても取り上げてみることとした．また，近年の発展として個人破産の話題を盛り込み，本書で扱う生命保険，金融，破産理論が融合していくような問題として，個人破産の問題についても記載をした．破産理論へ興味を抱いてもらえると嬉しい．

金融の数理

1990 年代より日本でも金融工学や数理ファイナンスといった研究分野が認知されるようになり，かつてと比べて一般的な分野となった感が強い．本書では確率微分方程式などをなるべく簡単に説明することで，オプションの価格付け問題や確率微分方程式のパラメータ推定問題について記述を行った．これらの分野は，本来，測度論的確率論を学んだ上で正確に組み立てられるべき類の話題である．しかし，ここではランダム・ウォークのアナロジーから確率解析を組み立てることで，測度論の知識を仮定しないでも（直感的に）理解が可能なようになっているものと思う．一方で，本来，難しい数学を仮定して初めて導くことができた諸結果が，なぜそれが成り立つのかを理解できるように初等的

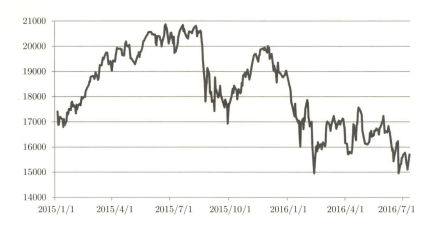

図 2 日経平均の動き (2015 年 1 月 1 日～2016 年 7 月 11 日)

に書いたつもりである．それにより，初学者のみならず，これらの分野についてよく理解をしている人にとっても何らかの参考になるのではないかと思っている．

ここまで，確率解析とか確率微分方程式という言葉を突然使ってきたが，それがどのようなものか簡単に説明をしておこう．図 2 は 2015 年 1 月 1 日～2016 年 7 月 11 日の日経平均の終値をプロットした図である．かなり「ぎざぎざ」した動きになっていることが見てとれるものと思う．これは，理科系の教養課程で学ぶ古典力学など多くの問題で滑らかな挙動をする現象について分析していることとは対照的である．このように，ぎざぎざした動きを分析するとなると，たとえば，微分をとれるのかすら心もとないであろう．確率解析は株価のように「ランダム」かつ「ぎざぎざ」と動く現象に対してよく用いられる数学である．ところで，日経平均オプションという金融商品をご存知であろうか？　ある決まった日（満期）に，たとえば 3 ヶ月後に，決まった価格で日経平均を特定の価格（権利行使価格）で買ったり（コール），または売ったり（プット）する権利が取引されているのである．表 2 は 2016 年 7 月 11 日のオプションの価格である．オプションの価格付け問題は，先ほどのぎざぎざ動く日経平均株価のような資産価格過程をもとに，日経平均オプションなどのオプションの理論

表 2 2016 年 7 月 11 日のオプション価格（日本経済新聞 [7 月 12 日朝刊] より抜粋）
8 月，9 月とあるのは，限月が 8 月，9 月のオプションを指している．すなわち，満期日が 8 月，9 月にあるオプションのことである．各限月の第 2 金曜日の前日が取引最終日，翌日の第 2 金曜日が満期日となっている．

コール・オプション価格

行使価格	15500	15625	15750	15875	16000	16125	16250	16375	16500
8 月	630	550	495	435	370	320	270	245	200
9 月	-	625	500	500	500	455	370	360	305

プット・オプション価格

行使価格	15000	15125	15250	15375	15500	15625	15750	15875	16000
8 月	245	280	320	360	400	450	495	550	645
9 月	375	580	445	-	540	620	660	-	870

価格を計算する方法を提案することとなる．3 章で学ぶこととなる確率解析や金融の知識が，生命保険や破産理論と結び付いていく様子を記載したのも本書の特徴といえると思う．

本書は，東北大学経済学部・大学院経済学研究科，および大阪大学金融保険教育研究センター（現・数理・データ科学教育研究センター）で行った講義をもとに，大幅な加筆を加えて書いたものです．本書の執筆においては，東北大学経済学研究科の照井伸彦教授からの勧めがあったことに感謝の言葉を述べさせていただきたます．さらに，早稲田大学理工学部の清水泰隆先生，立命館大学理工学部の尾張圭太先生，東京理科大学経営学部の今村悠里先生にはお忙しい中，原稿を読んで多くの指摘やコメントをしていただきました．この場を借りて感謝の言葉を述べさせていただきます．また，金融や保険の数理の世界にいざなっていただいた恩師・国友直人明治大学教授（東京大学経済学研究科名誉教授）にも，学生時代のたくさんのよい思い出とともに感謝の言葉を述べさせていただきます．本書を書くにあたり，学部・大学院でのゼミでの経験が大きく役に立っていることは疑いようがなく，東北大学で多くの優秀なゼミ生・大学院生に恵まれたことにも感謝します．その中でも，細部まで確認作業をして下さった研究室の元・大学院生である木崎恵介君には，特に感謝の言葉を述

べさせていただきます．最後に，急に執筆が進んだかと思えば筆者が忙しくなると今度は突然執筆が滞ったりと，最初から最後まで執筆の進捗状況にやきもきさせてしまった共立出版の山内千尋さんにも大変お世話になりましたのでお礼を述べさせていただきます．

2017年1月 　　　　　　　　　　　　　　　　　　　　　　　　著　者

目　　次

第1章　保険数学で用いられる確率分布　　1
- 1.1　はじめに．． 　　1
- 1.2　離散確率分布． 　　4
  - 1.2.1　ポアソン分布． 　　4
  - 1.2.2　2項分布． 　　7
  - 1.2.3　負の2項分布． 　　9
  - 1.2.4　幾何分布． 　　11
  - 1.2.5　(a, b, 0) 分布族． 　　11
- 1.3　連続確率分布． 　　14
  - 1.3.1　正規分布． 　　14
  - 1.3.2　ガンマ分布． 　　17
- 1.4　複合確率分布． 　　18
- 1.5　保険の問題への応用． 　　21

第2章　マルコフ連鎖　　25
- 2.1　条件付き期待値． 　　25
- 2.2　マルコフ連鎖． 　　32
  - 2.2.1　離散時間マルコフ連鎖． 　　32
  - 2.2.2　連続時間マルコフ連鎖． 　　41
- 2.3　保険の問題への応用． 　　45
  - 2.3.1　保険会社の破産確率． 　　45

xiv 目次

   2.3.2 生存確率の計算 52

第3章　ランダム・ウォークと確率微分方程式　　61

 3.1 ランダム・ウォーク 61
   3.1.1 ランダム・ウォーク 61
   3.1.2 マルチンゲール 65
   3.1.3 離散伊藤公式 67
 3.2 ブラウン運動と確率微分方程式 72
   3.2.1 ブラウン運動 72
   3.2.2 連続時間モデルにおけるマルチンゲール 75
   3.2.3 確率積分 79
   3.2.4 確率微分方程式 83
   3.2.5 ファインマン・カッツの定理 88
 3.3 金融の問題への応用 93
   3.3.1 ブラック・ショールズ・モデル 93
   3.3.2 確率微分方程式のパラメータ推定 103

第4章　保険料算出原理　　110

 4.1 保険料算出原理 110
   4.1.1 効用関数 110
   4.1.2 保険料算出原理 115
 4.2 保険商品の価格付けの問題への応用 119

第5章　生命保険の数学　　132

 5.1 金利と死亡率 132
   5.1.1 金利の計算 132
   5.1.2 死亡率の計算 134
   5.1.3 不完全ガンマ関数の数理 137
 5.2 保険料と責任準備金の計算 149

5.2.1	一時払い純保険料の計算	150
5.2.2	保険料の計算	157
5.2.3	責任準備金の計算	160
5.2.4	変額商品	167

第6章　破産理論　172

- 6.1　ポアソン過程 172
- 6.2　破産確率の計算 180
  - 6.2.1　リンドベリの不等式 180
  - 6.2.2　破産確率の計算方法 185
  - 6.2.3　個人破産の問題 191

参考文献　199

索　引　205

1

保険数学で用いられる確率分布

1.1 はじめに

　保険数学では，将来時点でのリスク（保険会社の保険金支払額など）をモデリングするのに確率論を用いることが多い．よって，確率論は破産理論などを含む保険や金融の数学において，知識として欠くことのできないものとなっている．さらに確率論は，保険数学のみならず統計学などを含めた多くの数理的な分野で重要な位置を占めている．確率論の基礎となる確率分布について，簡単な統計への応用も交えつつ，離散・連続両方のモデルについて紹介していきたい．ここでは，ある程度確率論や統計学の知識があるものとして説明を行うので，知識が不十分だと感じている読者は，尾畑 (2014) や久保川・国友 (2016)，鈴木・山田 (1996) など，数理統計学の教科書の確率分布に関する箇所をあらかじめ読んでおくとよい．さらに進んで勉強したい読者は，稲垣 (1990) や竹村 (1991)，吉田 (2006) などを薦める．

　保険数学においてリスクとは将来起こる保険会社の損失のことであり，その額は事前に知ることはできない．そこで，確率を用いて損失額を記述することとする．たとえば，今後 1 年間に保険会社が保険金の請求により被る損失額を確率変数 X で表すことにする．X の確率分布関数 $F(x)$ とは

$$F(x) = P[X \leq x]$$

で表される関数である．また，確率変数 X が離散確率変数であるとは，とび

とびの値をとる確率変数のことを指し，連続の確率変数とは，次の事故が起こるまでの時間のように X のとる値が連続量である確率変数のことである．離散確率変数は，値をとり得る点ごとに確率を割り付けることができる．よって $\{x_n\}_{n=1}^{\infty}$ でのみ値をとる確率変数について

$$f(x_k) = P[X = x_k]$$

という関数を考えることができる．関数 $f(\cdot)$ のことを確率関数という．また，連続型の確率変数 X の分布関数 $F(x)$ が微分可能なとき

$$f(x) = \frac{d}{dx} F(x)$$

を確率密度関数という．さらに，複数の確率変数 $X_1, \ldots, X_n$ の n 次元の確率密度関数 $f(x_1, \ldots, x_n)$ を同時確率密度関数と呼ぶ．すなわち $X_1, \ldots, X_n$ の確率分布関数を $F(x_1, \ldots, x_n) = P[X_1 \leq x_1, \ldots, X_n \leq x_n]$ で定義すると，$(X_1, \ldots, X_n)$ の同時確率密度関数は $f(x_1, \ldots, x_n) = \frac{\partial^n F}{\partial x_1 \cdots \partial x_n}(x_1, \ldots, x_n)$ で定義される．特に $X_1, \ldots, X_n$ が独立で，すべて X と同じ分布に従うとしよう．確率変数 X が確率密度関数 $f(x)$ をもつならば，$X_1, \ldots, X_n$ の同時確率密度関数は

$$f(x_1, \ldots, x_n) = \prod_{i=1}^{n} f(x_i)$$

と書ける．同様に，独立な離散確率変数 $X_1, \ldots, X_n$ の分布を考えるには，同時確率関数

$$f(x_1, \ldots, x_n) = P[X_1 = x_1, \ldots, X_n = x_n] = \prod_{i=1}^{n} f(x_i)$$

を考えることとなる．

確率変数 $X_1, \ldots, X_n$ の同時確率密度（離散確率変数の場合は同時確率関数）がパラメータ θ に依存しているものとする．このパラメータ θ が未知な場合に $X_1, \ldots, X_n$ の実現値 $x_1, \ldots, x_n$ から θ を推測することを推定と呼ぶ．推定の仕方にはいくつかの方法が知られているが，ここでは最尤推定と呼ばれる方法を紹介しておく．確率密度関数を

$$f_\theta(z_1,\ldots,z_n) \tag{1.1}$$

と書くことにする．ここで，式 (1.1) の $(z_1,\ldots,z_n)$ に実現値 $(x_1,\ldots,x_n)$ を代入しよう．すると，関数 (1.1) は θ のみの関数と見なすことができる．この θ のみの関数を

$$L(\theta; x_1,\ldots,x_n) \tag{1.2}$$

と書くとき，$L(\theta) = L(\theta; x_1,\ldots,x_n)$ を尤度関数と呼ぶ．問題を設定した際は θ を定数と見ていたが，尤度関数を構成した際には変数と見ていることに注意をしてほしい．尤度関数に対数をとった

$$l(\theta) = \log L(\theta; x_1,\ldots,x_n) \tag{1.3}$$

を対数尤度関数と呼ぶ．$L(\theta)$ を（または同じことであるが $l(\theta)$ を）最大にする θ を最尤推定による推定値と呼び，$\hat{\theta}(x_1,\ldots,x_n)$ と書く．尤度関数 (1.2) または対数尤度関数 (1.3) を最大にして求めた θ は，あらかじめ与えられた実現値 $\{x_1,\ldots,x_n\}$ に依存して決まることに注意しておこう．すなわち $\hat{\theta}(x_1,\ldots,x_n)$ は $\{x_1,\ldots,x_n\}$ の関数であり，この関数に元の確率変数 $\{X_1,\ldots,X_n\}$ を代入した $\hat{\theta}(X_1,\ldots,X_n)$ を最尤推定量という．最尤推定量の性質についてはここでは述べないので，数理統計学の教科書を参考にすること．

例 1.1 確率変数列 $X_1, X_2,\ldots,X_n$ を，独立にパラメータ $\theta(>0)$ をもつ指数分布に従う確率変数列とする．指数分布とは確率密度関数

$$f_\theta(x) = \frac{1}{\theta} e^{-\frac{x}{\theta}} \ (x > 0)$$

をもつ確率変数のことである．独立性より同時密度関数を求めることができるので，尤度関数は

$$L(\theta; x_1,\ldots,x_n) = \frac{1}{\theta^n} e^{-\frac{x_1+\cdots+x_n}{\theta}}$$

である．よって，対数尤度関数は

$$l(\theta; x_1, \ldots, x_n) = -\frac{x_1 + \cdots + x_n}{\theta} - n \log \theta$$

である．これを θ で微分すると

$$\frac{\partial l}{\partial \theta} = \frac{x_1 + \cdots + x_n}{\theta^2} - \frac{n}{\theta}$$

なので，l を最大にする $\hat{\theta}(x_1, \ldots, x_n)$ は

$$\hat{\theta}(x_1, \ldots, x_n) = \frac{x_1 + \cdots + x_n}{n}$$

である．よって最尤推定量は $\hat{\theta}(X_1, \ldots, X_n) = \frac{X_1 + \cdots + X_n}{n}$ である． □

1.2 離散確率分布

この節では，ポアソン分布，2項分布，負の2項分布の3つの確率分布を紹介する．また，負の2項分布の特殊例として，幾何分布の紹介も行う．これら3つの分布は，保険数学[1] では (a, b, 0) 分布族またはパンニャ確率分布族と呼ばれる．確率変数 X が (a, b, 0) 分布族に属するとは，X が正の整数に値をとる確率変数であり，各 n をとる確率を $p_n (= P[X = n])$ と書けば，ある定数 a と b を用いて

$$p_n = \left(a + \frac{b}{n}\right) p_{n-1} \tag{1.4}$$

を満たすことをいう．ただし，X は退化していないものとする[2]．これら3つの分布は確率・統計では重要な分布であり，さまざまな性質が知られている．たとえば尾畑 (2014) などでは，ポアソンの少数法則などこの本では取り上げられていない内容も記載しているので，適宜確認をしていただきたい．

1.2.1 ポアソン分布

ポアソン分布は，たとえば1年間など決まった期間に起こる突発的な事故の回数のモデリングでよく用いられる．保険数学では，保険金請求回数のモデリングなどで利用されることが多い．確率変数 N が母数 $\lambda (> 0)$ のポアソン分布

---

[1] 少なくとも筆者は保険数学以外では聞いたことがない呼び方である．
[2] つまり X は定数ではないとする．

に従うとは，N のとる値が n である確率 $p_n = P[N=n]$ が

$$p_n = e^{-\lambda} \frac{\lambda^n}{n!} \ (n=0,1,2,\ldots)$$

となることを指す．逆に，確率変数 N が母数 λ のポアソン分布に従うとき $N \sim Po(\lambda)$ と書く．非負の整数に値をとる確率変数 X についての確率母関数を定義したい．確率母関数は $|r|<1$ を定義域とする関数で

$$P_X(r) = \sum_{n=0}^{\infty} r^n p_n$$

によって定義される．ポアソン分布の確率母関数は

$$P_N(r) = \sum_{n=0}^{\infty} r^n e^{-\lambda} \frac{\lambda^n}{n!} = e^{-\lambda} \sum_{n=0}^{\infty} \frac{(r\lambda)^n}{n!} = e^{\lambda(r-1)}$$

と計算される．最後の等式を導出する際には指数関数のテイラー展開を用いた．また，$M_X(t) = E[e^{tX}]$ を確率変数 X の積率母関数と呼ぶ．ポアソン分布の積率母関数は

$$M_N(t) = \sum_{n=0}^{\infty} e^{tn} e^{-\lambda} \frac{\lambda^n}{n!} = e^{-\lambda} \sum_{n=0}^{\infty} \frac{(e^t \lambda)^n}{n!} = \exp(\lambda(e^t - 1))$$

と計算される．ここで，$a=0$ および $b=\lambda$ とおくと

$$p_n = e^{-\lambda} \frac{\lambda^n}{n!} = \left(a + \frac{b}{n}\right) e^{-\lambda} \frac{\lambda^{n-1}}{(n-1)!} = \left(a + \frac{b}{n}\right) p_{n-1}$$

となるので，ポアソン分布は確かに (a, b, 0) 分布族に入っている．$N \sim Po(\lambda)$ であるとき，$E[N]$ を計算してみると

$$E[N] = \sum_{n=0}^{\infty} n e^{-\lambda} \frac{\lambda^n}{n!} = \sum_{n=1}^{\infty} \lambda e^{-\lambda} \frac{\lambda^{n-1}}{(n-1)!} = \lambda \sum_{n=0}^{\infty} e^{-\lambda} \frac{\lambda^n}{n!} = \lambda \quad (1.5)$$

となる．2 個目の等号において $n=0$ のときにシグマ記号の中身が 0 であることに注意し，最後の等号は左辺はポアソン分布の全確率が 1 であることから求められた．同様に

$$E[N(N-1)] = \sum_{n=0}^{\infty} n(n-1)e^{-\lambda}\frac{\lambda^n}{n!} = \sum_{n=2}^{\infty} \lambda^2 e^{-\lambda}\frac{\lambda^{n-2}}{(n-2)!} = \lambda^2 \sum_{n=0}^{\infty} e^{-\lambda}\frac{\lambda^n}{n!} = \lambda^2$$

と計算されるので，分散を求めると

$$\begin{aligned} Var[N] &= E[N^2] - (E[N])^2 = E[N(N-1)] + E[N] - (E[N])^2 \\ &= \lambda^2 + \lambda - \lambda^2 = \lambda \end{aligned} \tag{1.6}$$

となる．もちろん，よく知られた関係式 $E[N^k] = \frac{d^k}{dt^k}M_N(t)|_{t=0}$ 用いて平均や分散を計算することも可能である．また，清水(2006)によると $(a, b, 0)$ 分布に属する確率変数 X は式 (1.4) を用いて

$$\begin{aligned} E[X^k] &= \sum_{n=0}^{\infty} (n+1)^k p_{n+1} = \sum_{n=0}^{\infty} (n+1)^k \left(a + \frac{b}{n+1}\right) p_n \\ &= \sum_{n=0}^{\infty} (n+1)^{k-1}\{an + a + b\}p_n \end{aligned}$$

と書ける．ただし k は 1 より大きな整数である．和の順序交換と 2 項定理を用いて漸化式

$$\begin{aligned} E[X^k] &= \sum_{n=0}^{\infty}\sum_{r=0}^{k-1} {}_{k-1}C_r n^r \{an + a + b\}p_n \\ &= \sum_{r=0}^{k-1} {}_{k-1}C_r \left\{ a\sum_{n=0}^{\infty} n^{r+1}p_n + (a+b)\sum_{n=0}^{\infty} n^r p_n \right\} \\ &= \sum_{r=0}^{k-1} {}_{k-1}C_r \left(aE[X^{r+1}] + (a+b)E[X^r]\right) \end{aligned} \tag{1.7}$$

が求まる．特に $k=1$ および $k=2$ を代入すると

$$E[X] = aE[X] + a + b, \qquad E[X^2] = aE[X^2] + (2a+b)E[X] + a + b$$

などが求まる．よって，$a \neq 1$ ならば

$$E[X] = \frac{a+b}{1-a}, \tag{1.8}$$

$$E[X^2] = \frac{(2a+b)E[X]+a+b}{1-a} = \frac{(2a+b)\frac{a+b}{1-a}+a+b}{1-a}$$
$$= \frac{(a+b)^2+a+b}{(1-a)^2} \tag{1.9}$$

となることがわかる．$N \sim Po(\lambda)$ は (a, b, 0) 分布に入っており，$a=0, b=\lambda$ の場合に対応しているので式 (1.8)，式 (1.9) を用いても平均と分散を計算できる．また，式 (1.7) を漸化式と見なせば $E[X^k] (k=1,2,3,\ldots)$ を次々と計算していくことができる．

確率変数 $X_1,\ldots,X_n$ を $Po(\lambda)$ からの独立な標本とし，実現値が $x_1,\ldots,x_n$ であったとしよう．尤度関数は

$$L(\lambda) = \prod_{i=1}^{n} e^{-\lambda}\frac{\lambda^{x_i}}{x_i!}$$

なので，対数尤度関数は $l(\lambda) = \sum_{i=1}^{n} x_i \log \lambda - n\lambda - \log \prod_{i=1}^{n} x_i!$ となる．この関数を最大にする λ は，微分を計算することにより求めることとなる．実際に計算をしてみると λ の最尤推定量は $\hat{\lambda} = \frac{X_1+\cdots+X_n}{n}$ となることがわかる（確認したことがない読者は必ず計算をしてみること）．

1.2.2　2 項分布

コインを投げ，表が出る確率が p で裏が出る確率が $1-p$ であるものとする．確率変数 X は，コインが表だったときに 1 を，裏だったときに 0 をとる確率変数であるものとする．このとき確率変数 X はベルヌイ分布に従うという．また，X がベルヌイ分布に従うことを $X \sim B(1,p)$ と書く．$X \sim B(1,p)$ であれば，ベルヌイ分布 X の期待値と原点周りの 2 次モーメントは

$$E[X] = p \cdot 1 + (1-p) \cdot 0 = p, \qquad E[X^2] = p \cdot 1^2 + (1-p) \cdot 0 = p$$

である．よって，分散は

$$Var[X] = E[X^2] - (E[X])^2 = p(1-p)$$

となる．独立な確率変数列 $X_1,\ldots,X_N \sim B(1,p)$ が与えられるものとする．

確率変数
$$Y = X_1 + \cdots + X_N$$
の従う分布を 2 項分布という．確率変数 Y が 2 項分布に従うことを $X \sim B(N, p)$ と書く．すなわち 2 項分布とは，N 回コインを投げたときに表が出る回数をモデル化したものといえる．2 項分布の確率関数を求めよう．$X_1, \ldots, X_N$ は 0 または 1 を値にとり，$X_1 + \cdots + X_N = n$ となる $X_1, \ldots, X_N$ の組み合わせは ${}_N C_n$ 通りである．一つひとつの組み合わせが実現する確率は $p^n(1-p)^{N-n}$ に等しいので，Y が n をとる確率 $p_n = P[Y = n]$ は

$$p_n = {}_N C_n p^n (1-p)^{N-n}$$

で与えられる．$a = -\frac{p}{1-p}$, $b = \frac{(N+1)p}{1-p}$ とおけば

$$\begin{aligned}\left(a + \frac{b}{n}\right) p_{n-1} &= \frac{(N+1-n)p}{n(1-p)} \times {}_N C_{n-1} p^{n-1} (1-p)^{N-n+1} \\ &= {}_N C_n p^n (1-p)^{N-n} = p_n\end{aligned}$$

が成り立つので，確かに 2 項分布は (a, b, 0) 分布族に属している．また，2 項分布の期待値は

$$E[Y] = E[X_1 + \cdots + X_N] = E[X_1] + \cdots + E[X_N] = Np$$

であり，$X_1, \ldots, X_N$ が独立なことを用いれば，分散は

$$Var[Y] = Var[X_1 + \cdots + X_N] = Var[X_1] + \cdots + Var[X_N] = Np(1-p)$$

となる．(a, b, 0) 分布族の性質 (1.8, 1.9) を用いてもこれらの式が正しいことを確認できる．また，確率母関数は 2 項定理を用いることで

$$P_Y(r) = \sum_{n=0}^{N} r^n {}_N C_n p^n (1-p)^{N-n} = (pr + 1 - p)^N$$

と計算される．ほぼ同じ計算方法により，積率母関数は

$$M_Y(t) = (pe^t + 1 - p)^N \tag{1.10}$$

と計算される．平均および分散は，積率母関数 (1.10) を用いても計算することができる．

確率変数 X を $B(n,p)$ からの標本とし，実現値が x であったとしよう．尤度関数は

$$L(p) = {}_nC_x p^x (1-p)^{n-x}$$

なので，対数尤度関数は $l(p) = x\log p + (n-x)\log(1-p) + \log {}_nC_x$ である．p で微分をとって $l(p)$ を最大にする $\hat{p}$ を求めることにより，p の最尤推定量は $\hat{p} = \frac{X}{n}$ となることがわかる．

1.2.3 負の 2 項分布

確率変数 X の確率関数 p_n がパラメータ $k > 0$ と $0 < p < 1$ を用いて

$$p_n = \binom{k+n-1}{n} p^k (1-p)^n$$

と書けるとき，X は負の 2 項分布に従うと呼び，$X \sim NB(k,p)$ と書くものとする．ここでは，特殊な場合として k が正の整数であることとする．表が出る確率が p であるコインを投げ，表が k 回出るまでに裏が出た回数を確率変数 X とすれば，X は負の 2 項分布に従うこととなる．なお，

$$\binom{r}{n} = \frac{r(r-1)\cdots(r-n+1)}{n!}$$

を一般 2 項係数と呼び，r が n より大きな整数であれば，定義式より ${}_rC_n$ と等しくなる．また，r は正の整数でなくとも定義ができることに注意する．$a = 1-p$, $b = (1-p)(k-1)$ とおくと

$$\left(a + \frac{b}{n}\right) p_{n-1} = \frac{(1-p)(n+k-1)}{n} \binom{k+n-2}{n-1} p^k (1-p)^{n-1} = p_n$$

より，負の 2 項分布も (a, b, 0) 分布族であることがわかる．$(1-p)^{-k}$ をテーラー展開すると

$$(1-p)^{-k} = 1 + kp + \frac{k(k+1)}{2!}p^2 + \cdots = \sum_{n=0}^{\infty} \binom{k+n-1}{n} p^n$$

が成り立つ（一般2項展開）．詳細については，渡部 (1977)，小林 (2000) の 4 章などに説明がある．また，高信 (2015) の Claim 2.14 にも微分方程式を導出することによる証明が記載されている．ここでは，この級数の収束半径が 1 であることに注意をしておく（確認してみよ）．ところで上の式の $1-p$ に p を代入することで

$$p^{-k} = \sum_{n=0}^{\infty} \binom{k+n-1}{n} (1-p)^n$$

となるが，この式の両辺に p^k をかけてやれば，負の 2 項分布の確率の総和が 1 であることも証明できる．さらに，この式を使うと確率母関数は

$$P_X(r) = \sum_{n=0}^{\infty} r^n \binom{k+n-1}{n} (1-p)^n p^k = \left(\frac{p}{1-(1-p)r}\right)^k$$

となることがわかる．同様に積率母関数は

$$M_X(t) = \left(\frac{p}{1-(1-p)e^t}\right)^k \tag{1.11}$$

である．積率母関数を微分することで1次と2次の原点周りのモーメントが計算でき，

$$E[X] = \frac{d}{dt}M_X(t)|_{t=0} = \frac{k(1-p)}{p}\left(\frac{p}{1-(1-p)e^t}\right)^{k+1} e^t|_{t=0} = \frac{k(1-p)}{p},$$

$$E[X^2] = \frac{d^2}{dt^2}M_X(t)|_{t=0}$$
$$= \left[\frac{k(k+1)(1-p)^2}{p^2}\left(\frac{p}{1-(1-p)e^t}\right)^{k+2} e^t + \frac{k(1-p)}{p}\left(\frac{p}{1-(1-p)e^t}\right)^{k+1} e^t\right]_{t=0}$$
$$= \frac{k(1-p)\{1+k(1-p)\}}{p^2}$$

であることがわかる．よって分散は $Var[X] = \frac{k(1-p)}{p^2}$ となる．もちろん式 (1.8)，式 (1.9) を用いて平均と分散を求めることもできる．

独立な確率変数列 $X_1,\ldots,X_n$ を，$NB(k,p)$ からの独立な標本とする．ただし，k は既知であるものとする．また，実現値が $x_1,\ldots,x_n$ であったとしよう．パラメータ p に対する尤度関数は

$$L(p) = \prod_{i=1}^{n} \binom{k+x_i-1}{x_i} p^k(1-p)^{x_i} = p^{nk}(1-p)^{x_1+\cdots+x_n} \prod_{i=1}^{n} \binom{k+x_i-1}{x_i}$$

となり，対数尤度関数は

$$l(p) = nk\log(p) + (x_1+\cdots+x_n)\log(1-p) + \sum_{i=1}^{n} \log \binom{k+x_i-1}{x_i}$$

なので，変数 p で微分をとると

$$\frac{\partial l}{\partial p}(p) = \frac{nk}{p} - \frac{x_1+\cdots+x_n}{1-p}$$

である．よって $l(p)$ を最大にする $\hat{p}(x_1,\ldots,x_n)$ は

$$\hat{p}(p;x_1,\ldots,x_n) = \frac{kn}{x_1+\cdots+x_n+kn}$$

となる．よって p の最尤推定量は，$\hat{p}(X_1,\ldots,X_n) = \frac{kn}{X_1+\cdots+X_n+kn}$ である．

1.2.4 幾何分布

確率変数 X が負の 2 項分布の特殊な場合で $k=1$ と等しい場合は，X は幾何分布に従うと呼ばれ，$X \sim Ge(p)$ と書く．これは，負の 2 項分布の定義からすぐわかるように，コインを投げ表が出るまでに裏が出た回数を表す確率変数である．

1.2.5 (a, b, 0) 分布族

すでに述べたように (a, b, 0) 分布族とは，確率関数が

$$p_n = \left(a + \frac{b}{n}\right) p_{n-1} \tag{1.12}$$

を満たし,定数ではない離散確率変数全体であった.このように,確率関数が漸化式で与えられる分布族は,(a, b, 0) 分布族以外にもいくつかの形が知られている.詳細は清水 (2006), Dickson(2005) を見るとよい.さて,すでにポアソン分布・2 項分布・負の 2 項分布が (a, b, 0) 分布族に属することは確認したが,(a, b, 0) 分布族に属する確率分布をもつ確率変数はこの 3 種類の分布に従う場合のみであることを示そう.式 (1.12) によると,ある n において $p_n = 0$ となれば $m > n$ を満たす m について $p_m = 0$ が成り立つことに注意しておこう.

まず式 (1.12) について,$n = 1$ の場合を考えると $a + b \geq 0$ となることがわかる.等号が成立した場合は $p_1 = 0$ となり,任意の整数 $m > 0$ について $p_m = 0$ となってしまう.よって,この場合は $p_0 = 1$ と退化してしまう.退化しない場合であり得る場合を考えてみると

(1) $a + b > 0$ かつ $a = 0$,すなわち $a = 0$ かつ $b > 0$,
(2) $a + b > 0$ かつ $a > 0$,
(3) $a + b > 0, a < 0$

の 3 つの場合がある.

(1) $a + b > 0$ かつ $a = 0$ の場合($a = 0$ かつ $b > 0$ の場合)

$$p_n = \frac{b}{n} p_{n-1}$$

が成り立つので,

$$p_n = \frac{b}{n} p_{n-1} = \frac{b^2}{n(n-1)} p_{n-2} = \cdots = \frac{b^n}{n!} p_0$$

となる.

$$\sum_{n=0}^{\infty} p_n = p_0 \sum_{n=0}^{\infty} \frac{b^n}{n!} = p_0 e^b = 1$$

なので $p_0 = e^{-b}$ が成り立つ.よって,

$$p_n = e^{-b} \frac{b^n}{n!}$$

が成り立ち,p_n は母数 b のポアソン分布の確率関数であることがわかる.

(2) $a+b>0$ かつ $a>0$ の場合

ここで，条件 (1.12) の下で $\sum_{n=0}^{\infty} p_n$ が収束するためには $\lim_{n\to\infty} |\frac{p_n}{p_{n-1}}| < 1$ でないといけない．このことから $a<1$ なことが必要である．

$$p_n = \frac{a}{n}\left(n+\frac{b}{a}\right)p_{n-1} = \cdots = p_0 \frac{a^n}{n!}\prod_{i=1}^{n}\left(i+\frac{b}{a}\right) = p_0 a^n \begin{pmatrix} \frac{b}{a}+n \\ n \end{pmatrix}$$

であるので，負の 2 項分布の箇所で述べた一般 2 項展開を用いると

$$1 = \sum_{n=0}^{\infty} p_n = p_0 \sum_{n=0}^{\infty} a^n \begin{pmatrix} \frac{b}{a+1}+n-1 \\ n \end{pmatrix} = p_0 (1-a)^{-\frac{b}{a}-1}$$

が成り立つ．ここで，一般 2 項級数の収束半径が 1 であることを使っている点に注意しよう．よって $p_0 = (1-a)^{\frac{b}{a+1}}$ が成り立つ．このことから

$$p_n = (1-a)^{\frac{b}{a+1}} a^n \begin{pmatrix} \frac{b}{a}+n \\ n \end{pmatrix}$$

がいえる．$p = 1-a$ および $k = \frac{b}{a+1}$ と記載すれば，p_n は負の 2 項分布の確率関数であることがわかる．

(3) $a+b>0, a<0$ の場合

もし，ある N について，$a+\frac{b}{N+1} = 0$ とならないとすると，十分大きな n をとると $a+\frac{b}{n} < 0$ となってしまう．よって，大きな n では $p_n < 0$ となる場合が出てくる．ところが p_n は確率関数なのでそのようなことは起こらないはずである．このことから，$a+\frac{b}{N+1} = 0$ となる正の整数 N が存在することに注意しよう．すると N より大きな n においては $p_n = 0$ となることに注意をしておく．また，$\frac{b}{a} = -(N+1)$ もいえることがわかる．場合分け (2) の計算と同様に $n \leq N$ において

$$p_n = \left(a+\frac{b}{n}\right)\cdots\left(a+\frac{b}{1}\right)p_0 = \frac{a^n}{n!}(n-N-1)\cdots(-N)p_0 = (-a)^n {}_N C_n p_0$$

がいえる．全確率が 1 なので

14　第1章　保険数学で用いられる確率分布

$$1 = p_0 + \sum_{n=1}^{N}(-a)^n {}_NC_n p_0 = p_0 \sum_{n=0}^{N}(-a)^n {}_NC_n = p_0(1-a)^N$$

が成り立ち，$p_0 = (1-a)^{-N}$ がわかる．よって

$$p_n = {}_NC_n \frac{(-a)^n}{(1-a)^N} = {}_NC_n \left(\frac{a}{a-1}\right)^n \left(1 - \frac{a}{a-1}\right)^{N-n}$$

となる．$a < 0$ より $0 < \frac{a}{a-1} < 1$ なので，p_n は2項分布の確率関数であることがわかる．

1.3　連続確率分布

ここでは代表的な確率分布として，正規分布とガンマ分布について紹介をする．

1.3.1　正規分布

正規分布は統計学などで最もよく用いられる確率分布であり，平均と分散のパラメータ μ および σ^2 により分布の形が決まる連続な確率分布である．確率変数 X が平均 μ，分散 σ^2 の正規分布に従うとき $X \sim N(\mu, \sigma^2)$ と書き，密度関数 $f(x)$ は

$$f(x) = \frac{1}{\sqrt{2\pi\sigma^2}} e^{-\frac{(x-\mu)^2}{2\sigma^2}}$$

で書き表される．ここで，特に $\mu = 0$ および $\sigma^2 = 1$ である場合，X は標準正規分布に従うという．標準正規分布の密度関数を $n(x)$ と書くことにすると，直接微分計算をすることにより

$$n'(x) = -xn(x) \tag{1.13}$$

が成り立つ．$X \sim N(\mu, \sigma^2)$ の期待値は，$y = \frac{x-\mu}{\sigma}$ という変数変換を用いて積分計算を行うと

$$\begin{aligned} E[X] &= \int_{-\infty}^{\infty} x \frac{1}{\sqrt{2\pi\sigma^2}} e^{-\frac{(x-\mu)^2}{2\sigma^2}} dx = \int_{-\infty}^{\infty}(\sigma y + \mu)\frac{1}{\sqrt{2\pi}}e^{-\frac{y^2}{2}}dy \\ &= \sigma \int_{-\infty}^{\infty} yn(y)dy + \mu \int_{-\infty}^{\infty} n(y)dy = -\sigma \int_{-\infty}^{\infty} n'(y)dy + \mu = \mu \end{aligned} \tag{1.14}$$

となる．これより正規分布の期待値は μ と等しいことが確かめられた．この計算で全確率が 1 であることを用いているが，標準正規分布の密度関数を実数上で積分したら 1 になることを確認するには，重積分の計算が必要である．通常は極座標変換を用いて計算することが多い．小林 (2001) の p.104 などを参照のこと．高信 (2015) ではガンマ関数の性質を用いて同じ積分の計算を行っている．また，分散が σ^2 であることは，分散の定義および変数変換 $y = \frac{x-\mu}{\sigma}$ および部分積分法より

$$\begin{aligned}
Var[X] &= E[(X-\mu)^2] = \int_{-\infty}^{\infty} (x-\mu)^2 \frac{1}{\sqrt{2\pi\sigma^2}} e^{-\frac{(x-\mu)^2}{2\sigma^2}} dx \\
&= \sigma^2 \int_{-\infty}^{\infty} y^2 \frac{1}{\sqrt{2\pi}} e^{-\frac{y^2}{2}} dy = \sigma^2 \int_{-\infty}^{\infty} y^2 n(y) dy = -\sigma^2 \int_{-\infty}^{\infty} y n'(y) dy \\
&= -\sigma^2 [y n(y)]_{-\infty}^{\infty} + \sigma^2 \int_{-\infty}^{\infty} n(y) dy = \sigma^2
\end{aligned}$$

で示すことができる．ここで最後の等号では $y \cdot n(y) \to 0 \ (|y| \to \infty)$ であることと，標準正規分布の全確率が 1 であることを用いた．また，X の積率母関数 $M_X(t)$ は

$$\begin{aligned}
M_X(t) &= E[e^{tX}] = \int_{-\infty}^{\infty} e^{tx} \frac{1}{\sqrt{2\pi\sigma^2}} e^{-\frac{(x-\mu)^2}{2\sigma^2}} dx \\
&= \int_{-\infty}^{\infty} \frac{1}{\sqrt{2\pi\sigma^2}} \exp\left[-\frac{1}{2\sigma^2}\{(x-(\mu+\sigma^2 t))^2 - 2\mu\sigma^2 t - \sigma^4 t^2\}\right] dx \\
&= e^{\mu t + \frac{1}{2}\sigma^2 t^2} \int_{-\infty}^{\infty} \frac{1}{\sqrt{2\pi\sigma^2}} \exp\left[-\frac{1}{2\sigma^2}(x-(\mu+\sigma^2 t))^2\right] dx \\
&= e^{\mu t + \frac{1}{2}\sigma^2 t^2}
\end{aligned}$$

となる．最後の等号は，式の中の積分が平均 $\mu + \sigma^2 t$，分散 σ^2 の正規分布の全確率と等しいので，1 と等しいことを用いている．さて，X が標準正規分布 $X \sim N(0,1)$ だった場合の n 次モーメントの計算もしておこう．まず奇数次のモーメントは

$$E[X^{2n+1}] = \int_{-\infty}^{\infty} x^{2n+1} \frac{1}{\sqrt{2\pi}} e^{-\frac{x^2}{2}} dx = 0$$

が成り立つ．これは被積分関数が奇関数であることからすぐわかる．また，偶数次モーメント $I_{2n} = E[X^{2n}]$ は式 (1.13) より

$$I_{2n} = \int_{-\infty}^{\infty} x^{2n} n(x) dx = -\int_{-\infty}^{\infty} x^{2n-1} n'(x) dx$$
$$= -[x^{2n-1} n(x)]_{x=-\infty}^{\infty} + (2n-1) \int_{-\infty}^{\infty} x^{2n-2} n(x) dx = (2n-1) I_{2n-2}$$

がいえる.よって順々に次数を落としていけば

$$I_{2n} = (2n-1)(2n-3)\cdots 1 \times I_0 = (2n-1)(2n-3)\cdots 1$$

が成り立つことがわかる.

$X_1, \ldots, X_n$ を正規分布 $N(\mu, \sigma^2)$ に従う独立な確率変数であるものとする.ここで μ, σ^2 は両方とも未知変数とする.$x_1, \ldots, x_n$ を $X_1, \ldots, X_n$ の実現値とする.$X_1, \ldots, X_n$ が独立なことに注意すると,尤度関数は

$$L(\mu, \sigma^2; x_1, \ldots, x_n) = \frac{1}{(\sqrt{2\pi}\sigma)^n} \exp\left\{-\frac{1}{2\sigma^2} \sum_{i=1}^{n} (x_i - \mu)^2\right\}$$

なので,対数尤度関数は

$$l(\mu, \sigma^2; x_1, \ldots, x_n) = -\frac{1}{2\sigma^2} \sum_{i=1}^{n} (x_i - \mu)^2 - \frac{n}{2} \log \sigma^2 - \frac{n}{2} \log(2\pi)$$

であり,変数 μ および σ^2 で微分すると(σ^2 はひとかたまりで一つの変数と見なしている)

$$\frac{\partial l}{\partial \mu} = \frac{1}{\sigma^2} \sum_{i=1}^{n} (x_i - \mu), \qquad \frac{\partial l}{\partial \sigma^2} = \frac{1}{2\sigma^4} \sum_{i=1}^{n} (x_i - \mu)^2 - \frac{n}{2\sigma^2}$$

となる.このことから,対数尤度を最大にする μ および σ^2 を $\hat{\mu}$ および $\hat{\sigma^2}$ と書けば,

$$\hat{\mu}(x_1, \ldots, x_n) = \frac{x_1 + \cdots + x_n}{n}, \qquad \hat{\sigma^2}(x_1, \ldots, x_n) = \frac{\sum (x_i - \bar{x})^2}{n}$$

となる.ただし,$\bar{x} = \frac{x_1 + \cdots + x_n}{n}$ である.よって,最尤推定量は

$$\hat{\mu} = \frac{X_1 + \cdots + X_n}{n} (= \bar{X}), \qquad \hat{\sigma^2} = \frac{\sum (X_i - \bar{X})^2}{n}$$

となる.

1.3.2 ガンマ分布

確率変数 X の密度関数が

$$f(x) = \frac{\beta^\alpha}{\Gamma(\alpha)} x^{\alpha-1} e^{-\beta x} \quad (\alpha, \beta, x > 0)$$

と書けるとき,確率変数 X はガンマ分布に従うといい,$X \sim \Gamma_{\alpha, \beta}$ で表す.ただし $\Gamma(x)$ はガンマ関数であり,$\Gamma(x) = \int_0^\infty t^{x-1} e^{-t} dt$ で定義される.確率変数 X が $\alpha = 1, \beta = \frac{1}{\theta}$ のガンマ分布に従うとき,確率変数 X は指数分布に従うといい,$X \sim Ex(\theta)$ と書く.この場合,確率密度関数は

$$f(x) = \frac{1}{\theta} e^{-\frac{x}{\theta}} \quad (x > 0, \theta > 0)$$

である.指数分布は,ある物が壊れるまでの時間や事故のモデリングで用いることがある.たとえば,ある時刻から事故が起こるまでの時間のモデリングなどに利用される.保険数学では,保険金請求があった時刻から次の保険金請求が起こるまでの時間を指数分布でモデリングするようなことがよくある.さらに,確率変数 X がある整数 $n \geq 1$ を用いて $X \sim \Gamma_{\frac{n}{2}, \frac{1}{2}}$ に従うとき,自由度 n のカイ 2 乗分布に従うといい,確率変数 X がある正の整数 k を用いて $X \sim \Gamma_{k, \beta}$ と書けるとき,確率変数 X はアーラン分布に従うという.カイ 2 乗分布は,数理統計学において分散の推定や検定を行うときによく用いられる分布である.また,アーラン分布は待ち行列理論などで使われる分布のようである.

ガンマ分布のモーメントと積率母関数を計算しよう.$X \sim \Gamma_{\alpha, \beta}$ とすると

$$E[X^n] = \int_0^\infty x^n \frac{\beta^\alpha}{\Gamma(\alpha)} x^{\alpha-1} e^{-\beta x} dx = \int_0^\infty \frac{\beta^\alpha}{\Gamma(\alpha)} x^{n+\alpha-1} e^{-\beta x} dx$$

となり,ここで,$y = \beta x$ と変数変換して

$$E[X^n] = \frac{1}{\Gamma(\alpha) \beta^n} \int_0^\infty y^{n+\alpha-1} e^{-y} dy = \frac{1}{\Gamma(\alpha) \beta^n} \Gamma(n + \alpha)$$

となる.この式より,$E[X] = \frac{\alpha}{\beta}$ であり,$E[X^2] = \frac{\alpha(\alpha+1)}{\beta^2}$ である.よって

$$E[X] = \frac{\alpha}{\beta}, \qquad Var[X] = E[X^2] - E[X]^2 = \frac{\alpha}{\beta^2}$$

となる.また,ほぼ同様の計算より $\beta > t$ が成り立つならば,$y = (\beta-t)x$ と変数変換することにより

$$M_X(t) = \int_0^\infty \frac{\beta^\alpha}{\Gamma(\alpha)} x^{\alpha-1} e^{-(\beta-t)x} dx = \left(\frac{\beta}{\beta-t}\right)^\alpha \tag{1.15}$$

が成り立つ.

いま,ガンマ分布 $\Gamma_{\alpha,\beta}$ に従う独立な確率変数 $X_1, \ldots, X_n$ の実現値を $x_1, \ldots, x_n$ とする.尤度関数は

$$L(\alpha, \beta) = \prod_{i=1}^n \frac{\beta^\alpha}{\Gamma(\alpha)} x_i^{\alpha-1} e^{-\beta x_i} = \frac{\beta^{n\alpha}}{\Gamma(\alpha)^n} (x_1 \cdots x_n)^{\alpha-1} e^{-\beta(x_1 + \cdots + x_n)}$$

となるので,対数尤度関数は

$$l(\alpha, \beta) = n\alpha \log(\beta) - n \log(\Gamma(\alpha)) + (\alpha-1) \sum_{i=1}^n \log(x_i) - \beta \sum_{i=1}^n x_i$$

と書ける.対数尤度を最大にする (α, β) を $(\hat{\alpha}, \hat{\beta})$ と書けば

$$\frac{\partial l}{\partial \alpha}\Big|_{(\alpha,\beta)=(\hat{\alpha},\hat{\beta})} = n \log(\hat{\beta}) - n \frac{\Gamma'(\hat{\alpha})}{\Gamma(\hat{\alpha})} + \sum_{i=1}^n \log(x_i) = 0 \tag{1.16}$$

$$\frac{\partial l}{\partial \beta}\Big|_{(\alpha,\beta)=(\hat{\alpha},\hat{\beta})} = \frac{n\hat{\alpha}}{\hat{\beta}} - \sum_{i=1}^n x_i = 0 \tag{1.17}$$

なので,式 (1.17) より $\hat{\beta} = \frac{\hat{\alpha}}{\bar{x}}$ となる.ここで,$\bar{x} = \frac{1}{n}(x_1 + \cdots + x_n)$ である.また,$\gamma(x) = \frac{\Gamma'(x)}{\Gamma(x)}$ とおく.この関数をディガンマ関数と呼ぶ.式 (1.16) より $\hat{\alpha}$ を求めるには

$$\log(\hat{\alpha}) - \log(\bar{x}) - \gamma(\hat{\alpha}) + \frac{1}{n} \sum_{i=1}^n \log(x_i) = 0$$

を解かないといけない.残念ながら,この方程式の解はプログラムを組んで数値計算で求めるしかない.

1.4 複合確率分布

さて,保険数理を考えるにあたり簡単な説明をしておこう.たとえばみなさ

んが，年初に火災保険へ 1 年間だけ入ったとしよう．保険会社の側から見ると，あなたはたくさんいるお客さんの一人である．もし 1 年の間に火災を起こせば，あなたは保険会社に保険金の請求を願い出ることであろう．あなたが保険を受け取る権利を行使するということは，逆に保険会社からすると保険金を支払う義務が発生することとなる．たくさんのお客さんがいる場合，1 年の間に保険会社が支払う総額はいくらであろうか？　もちろん，これは年初においてはわからない事柄である．保険会社は未来の確定していない額を支払う義務をもっているのである．その額を仮に X と書こう．年初にはわからないこの値は確率変数であるはずである．そして，支払額が確率的にしか決まらないこと自体が，保険会社にとっては文字どおり「リスク」である．保険会社の支払額 X が保険会社のリスクを表しているともいえる．しかし，このままでは何も議論ができないので，X にある程度の確率的な構造を入れて保険会社のリスク量をモデリングしたいと思う．すなわち，X に分布を仮定して分析をしていく．また本章では複合分布というものが出てくる．これは，以下のようなものと考えると納得がいく．保険会社にとって，次の 1 年間の保険金支払いの総額には二つの未知のファクターがある．一つは保険金の請求数が何回あるかであり，もう一つは一つひとつの請求額がいくらであるかである．これらがすべてわかると，保険金支払額が計算できるはずである．このことから，請求回数と 1 回当たりの請求額のモデリングが必要であることがわかる．

　独立で X と同じ分布に従う確率変数の族 $\{X_n\}_{n=1}^{\infty}$ がある．これは保険会社の i 番目の保険金支払額が X_i であるようなモデルを作っていると思えばよい．一方で，たとえば 1 年間に保険金支払いをする回数 N も確率変数であり，正の整数に値をとる $\{X_n\}_{n=1}^{\infty}$ とは独立な確率変数であるものとしよう．このとき

$$S = \sum_{k=1}^{N} X_k$$

という確率変数を考える．ただし，$N = 0$ のときは $S = 0$ であるものとする．この S のような確率変数の従う確率分布を複合確率分布という．たとえば，N がポアソン分布に従うとき S は複合ポアソン分布に従うという．まずは複合分布の期待値の計算を行う．

$$E[S] = E\bigl[E[X_1 + \cdots + X_N | N]\bigr] = E\bigl[NE[X]\bigr] = E[N]E[X] \qquad (1.18)$$

が成り立つ．ここで，条件付き期待値の計算を行ったが，定理 2.1 の結果を使っている．あまり詳しくない読者は 2 章の初めに簡単な解説が書いてあるので読んでおいてほしい．また，

$$\begin{aligned} E[S^2] &= E\left[E[(X_1 + \cdots + X_N)^2 | N]\right] = E\left[NE[X^2] + N(N-1)E[X]^2\right] \\ &= E[N]E[X^2] + (E[N^2] - E[N])E[X]^2 \end{aligned}$$

より，$Var[X] = E[S^2] - E[S]^2$ を計算すれば

$$Var[S] = E[N]Var[X] + Var[N](E[X])^2$$

を簡単に示すことができる．複合分布の積率母関数も計算してみよう．いま，$p_n = P[N = n]$ とおけば，$M_S(t)$ は

$$\begin{aligned} M_S(t) &= E\left[E[e^{t(X_1 + \cdots + X_N)} | N]\right] \\ &= e^0 \times p_0 + \sum_{i=1}^{\infty} E\left[e^{t(X_1 + \cdots + X_i)}\right] p_i = \sum_{i=0}^{\infty} M_X(t)^i p_i \\ &= E\left[(M_X(t))^N\right] = E\left[e^{N \log(M_X(t))}\right] = M_N\bigl(\log(M_X(t))\bigr) \qquad (1.19) \end{aligned}$$

となる．なお積率母関数 (1.19) を用いて期待値を計算することもできる．すなわち，積率母関数の微分を計算すると

$$E[S] = \frac{d}{dt} M_S(t)|_{t=0} = M_N'\bigl(\log(M_X(t))\bigr) \frac{M_X'(t)}{M_X(t)}|_{t=0}$$

となるが，$M_N'(0) = E[N]$，$M_X'(0) = E[X]$ および $M_X(0) = 1$ に注意すれば式 (1.18) と同じ結果

$$E[S] = E[N]E[X]$$

が成り立つことがわかる．同様の方法で分散を求めることもできる．確率変数 X が離散確率変数のときは，式 (1.19) の計算とほぼ同じ要領で S の確率母関数を計算することができる．実際に計算してみると

$$P_S(r) = E\left[r^{(X_1+\cdots+X_N)}\right] = E\left[E[r^{(X_1+\cdots+X_N)}|N]\right]$$
$$= E\left[(P_X(r))^N\right] = P_N(P_X(r))$$

となる．以下のような例を考えよう．

例 1.2 いま，$X \sim B(1,p)$ と同じ分布に従う独立なベルヌイ確率変数列 $X_1, X_2, \ldots$ および，この確率変数列と独立な正の整数に値をとる 2 項確率変数 $N \sim B(n,q)$ を考える．そこで，複合 2 項分布

$$S = X_1 + \cdots + X_N$$

がどのような分布に従うか考えてみる．X および N の確率母関数はそれぞれ

$$P_X(r) = (pr + 1 - p), \qquad P_N(r) = (qr + 1 - q)^n$$

なので

$$P_S(r) = P_N(P_X(r)) = (q(pr+1-p)+1-q)^n = (pqr+1-pq)^n$$

より $S \sim B(n, pq)$ であることがわかる． □

1.5 保険の問題への応用

この節では，本章で学んだ確率分布の保険数学への応用を考える．$\{X_i\}_{i=1}^{\infty}$ を，非負の整数に値をとり独立に確率変数 X と同じ分布に従うものとする．確率変数 X_i の確率分布は

$$P[X_i = j] = f_j$$

で与えられているものとしよう．ここで，確率変数列 $\{X_i\}_{i=1}^{\infty}$ は保険会社への 1 回当たりの保険金請求額を表していると考えてみよう．また，確率変数 N はある期間（たとえば 1 年間）に発生する保険金の支払回数で $(a,b,0)$ 分布族に入る確率変数であるものとしよう．よって $p_n = P[N = n]$ と書くと，

$$p_n = \left(a + \frac{b}{n}\right) p_{n-1} \qquad (1.20)$$

を満たす．さて，1年間に支払われる保険金総額がどのような確率分布に従うのかを考えたい．すなわち複合確率変数 S を

$$S = \sum_{i=1}^{N} X_i$$

とおいた場合に，確率

$$g_j = P[S = j]$$

を計算したい．ここでは，パンニャの再帰公式と呼ばれる式を紹介する．パンニャの再帰公式を用いると，g_j を g_0 から順々に計算することができる．この公式の導出法はいくつかあるが，ここでは Dickson(2005) による確率母関数を用いる方法を紹介する．確率母関数を用いない方法は，ミコシュ (2009) などを参照のこと．まずは，g_0 を求めよう．$S = 0$ が起こる場合，$N = 0$ または，$N = n(> 0)$ かつ $X_1 = \cdots = X_n = 0$ のどちらかが起きている．よって g_0 は

$$g_0 = P[N = 0] + \sum_{n=1}^{\infty} P\left[\sum_{i=1}^{n} X_i = 0 \middle| N = n\right] P[N = n] = p_0 + \sum_{n=1}^{\infty} p_n f_0^n$$

である．続いて $j \neq 0$ のときの g_j を求める方法を考えよう．確率変数 N の確率母関数を計算すると

$$P_N(r) = p_0 + \sum_{n=1}^{\infty} p_n r^n$$

となる．この式を微分して (a, b, 0) 分布の性質 (1.20) を用いると

$$\begin{aligned}
P_N'(r) &= \sum_{n=1}^{\infty} n p_n r^{n-1} = \sum_{n=1}^{\infty} n \left(a + \frac{b}{n}\right) p_{n-1} r^{n-1} \\
&= a \sum_{n=1}^{\infty} (n-1) p_{n-1} r^{n-1} + a \sum_{n=1}^{\infty} p_{n-1} r^{n-1} + b P_N(r) \\
&= a r P_N'(r) + (a + b) P_N(r)
\end{aligned}$$

が成り立つ．次に S の確率母関数は複合確率分布の性質より $P_S(r) = P_N(P_X(r))$

である．これを微分すると，

$$P'_S(r) = P'_N(P_X(r))P'_X(r) = \bigl(aP_X(r)P'_N(P_X(r)) + (a+b)P_N(P_X(r))\bigr)P'_X(r)$$
$$= aP_X(r)P'_S(r) + (a+b)P_S(r)P'_X(r) \qquad (1.21)$$

である．さて，確率変数 S と X の確率母関数はそれぞれ

$$P_S(r) = g_0 + \sum_{n=1}^{\infty} g_n r^n, \qquad P_X(r) = f_0 + \sum_{n=1}^{\infty} f_n r^n$$

と書ける．これを式 (1.21) に代入すると

$$\sum_{n=1}^{\infty} n g_n r^{n-1} = a \left(\sum_{i=0}^{\infty} f_i r^i\right)\left(\sum_{j=1}^{\infty} j g_j r^{j-1}\right) + (a+b)\left(\sum_{i=0}^{\infty} g_i r^i\right)\left(\sum_{j=1}^{\infty} j f_j r^{j-1}\right)$$

となる．両辺に r をかけた上で，r^x の項を比較すると

$$\begin{aligned} x g_x &= a \sum_{k=0}^{x} (x-k) f_k g_{x-k} + (a+b) \sum_{k=0}^{x} k f_k g_{x-k} \\ &= a x f_0 g_x + a x \sum_{k=1}^{x} f_k g_{x-k} + b \sum_{k=1}^{x} k f_k g_{x-k} \end{aligned}$$

が成り立つ．面倒ではあるが機械的な計算なので，必ず正しいか確認すること．これより，

$$g_x = \frac{1}{1 - a f_0} \sum_{k=1}^{x} \left(a + \frac{bk}{x}\right) f_k g_{x-k}$$

が成り立つ．この計算式をパンニャの再帰公式という．g_0 がわかっているので，この式を用いれば次々と g_x を計算することが可能である．

ある保険会社が保険金支払額 S の分布を求めたところ，保険金支払いのリスクが大きすぎると判定されたとする．そのような場合は，再保険をかけて支払いリスクを小さくするという方法がとられることがある．再保険にはさまざまな種類があり，たとえば，比例再保険や超過損害額再保険（エクセス・ロス型再保険），ストップ・ロス型再保険などが挙げられる．比例再保険は文字どおり，保険会社がある損害（すなわち保険会社の災害などに対する保険金支払い）

を被った場合に，再保険会社が損害のうちある一定割合（たとえばあらかじめ 30% などと決めておく）を契約者に支払うような契約である．エクセス・ロス型再保険は，保険会社の損害額 X に対してあらかじめ決められた値 α を決めておき，損失のうち α を超えた分については $X-\alpha$ だけ補てんをする契約である．最後にストップ・ロス型再保険は，（たとえば 1 年間の）損害総額 S があらかじめ契約された額 k を越えた場合にのみ，超過部分 $(S-k)^+$ が支払われるような契約である．エクセス・ロス型が 1 回ずつの損害額に対して保険金が支払われるのに対し，ストップ・ロス型は（たとえば 1 年間の）クレーム総額に対して支払いが行われる．S は整数で与えられているので，ストップ・ロス型再保険の純保険料（すなわち受取額の期待値）は

$$r(k) = E[(S-k)^+] = \sum_{x=k+1}^{\infty}(x-k)g_x = \sum_{x=k+1}^{\infty}\left(\sum_{i=k+1}^{x}1\right)g_x$$

右辺のシグマ記号を交換すると

$$r(k) = \sum_{i=k+1}^{\infty}\sum_{x=i}^{\infty}g_x = \sum_{i=k+1}^{\infty}P[S \geq i] = r(k-1) - P[S \geq k]$$

$r(k)$ は $r(k-1)$ と $P[S \geq k]$ を知っていれば計算できる量である．ここで，$P[S \geq k] = 1 - P[S \leq k-1] = 1 - \sum_{i=0}^{k-1}g_i$ より $P[S \geq k]$ は $g_1,\ldots,g_{k-1}$ がわかっていれば計算できる量である．ところが，g_k はパンニャの再帰公式により次々と計算できる量である．このことから，いったん $r(0)$ が求まれば $r(1), r(2), \ldots$ を次々と計算していくことができる．一方で，$r(0)$ は

$$r(0) = E[S] = E\left[\sum_{i=1}^{N}X_i\right] = E[N]E[X]$$

で与えられる．よって，$r(k)$ は $r(0)$ から順々に計算できることがわかった．

2

マルコフ連鎖

　本章では，マルコフ連鎖とその保険への応用を考える．たとえば，生命保険数学や離散状態の破産理論はマルコフ連鎖の応用例と捉えることも可能である．この章では，まずマルコフ連鎖の簡単な性質について考察を行い，マルコフ連鎖がどのように保険数学へ応用されるかを考察する．マルコフ連鎖は幅広い分野で応用がある．まずは条件付き期待値の性質から調べることにしよう．

2.1　条件付き期待値

　条件付き期待値とは，ある情報が与えられたとき，その情報の下で期待値をとったものである．よって，与えられる情報が確率変数ならば，条件付き期待値も確率変数となる．条件付き期待値をおおざっぱに説明するとこのような感じになるが，言葉による説明だと少しわかりにくいので，細かい話をする前に条件付き期待値の簡単な例を挙げておこう．たとえば確率変数 Z が，ある「独立な」確率変数 X と Y を用いて $Z = f(X, Y)$ と書けていたとしよう．このとき Z の期待値 $E[Z]$ を考えることは，確率・統計を学ぶとよくあることである．ところで，確率変数 X はそのままに，Y でのみ期待値をとりたいという必要性があるかもしれない．このような状況で出てくるのが条件付き期待値である．ここでは2種類の条件付き期待値を導入してみよう．あらかじめ $X = x$ であるということがわかっていた場合を考える．この場合に条件付き期待値は $E[Z|X = x]$ と書かれるが，この値は Y についての期待値のみをとることとなり

$$E[Z|X=x] = E[f(X,Y)|X=x] = E[f(x,Y)|X=x] = E[f(x,Y)]$$

に等しい．最後の等式では X と Y の独立性を使っている[1]．一番右の式を見ると単に Y でしか期待値をとっていないので，式の意味は簡単に理解できると思う．たとえば，関数 $f(x,y)$ が $f(x,y) = x^2 y$ と定義されれば，上の式を用いるとこの条件付き期待値は $E[Z|X=x] = x^2 E[Y]$ となる．次に X の値がランダムなまま Y で期待値をとることを考えよう．このような条件付き期待値は $E[Z|X] = E[f(X,Y)|X]$ と書かれ，X と Y のうち X のとった値を知っているとした上で Y でのみ期待値をとることとなる．すなわち $f(x,y)$ を先ほどと同じく $f(x,y) = x^2 y$ とすれば，X の値が与えられたとした上で Y についてのみ期待値をとり，X については期待値をとらない．すると $E[Z|X] = E[X^2 Y|X] = X^2 E[Y|X] = X^2 E[Y]$ と計算されることとなる．ここでも最後の等号では確率変数 X と Y の独立性を使っている．この場合，X のとる値によって条件付き期待値のとる値が変わるので，期待値とはいったものの実は確率変数であることがわかる．これらの式は X と Y が独立でないと成り立たないので，もう少し一般的にも通用するように条件付き期待値を定義したい．

定義 2.1 (1) 事象 $\{X=k\}$ の下での Y の条件付き期待値を $E[Y|X=k]$ と書き

$$E[Y|X=k] = \sum_l l P[Y=l|X=k]$$

で定義する．ただし，$P[Y=l|X=k]$ とは条件付き確率と呼ばれる量であり，

$$P[Y=l|X=k] = \frac{P[Y=l, X=k]}{P[X=k]}$$

で定義される．また，$P[X=k] \neq 0$ とする．

(2) 確率変数 X を条件とした Y の条件付き期待値を $E[Y|X]$ と書き，以下の手順で定義する．関数 $g(\cdot)$ を $g(k) = E[Y|X=k]$ と定義する．k が決まれば $g(k)$ が決まるので，$g(\cdot)$ は確かに k の関数である．関数 $g(\cdot)$ に確率変

---

[1] X と Y が独立ならば Y のとる値は X に影響されない．よって Y の期待値は X の値を知っていようが知っていまいが同じ値になる．

数 X を代入して新しい確率変数

$$Z = g(X)$$

を作る．確率変数 Z が条件付き期待値 $E[Y|X]$ である．

高次元の確率変数 $(X_1, \ldots, X_n, Y)$ について，$(X_1, \ldots, X_n)$ について条件を考慮した条件付き期待値 $E[Y|X_1 = k_1, \ldots, X_n = k_n]$ や $E[Y|X_1, \ldots, X_n]$ についても同様に定義することができる．

例 2.1 本章の初めに書かれた独立な確率変数 X と Y を用いて計算される，新しい確率変数 $Z = X^2 Y$ に関する条件付き期待値 $E[Z|X=x]$ および $E[Z|X]$ を計算してみよう．いま，確率変数 X と Y がとり得る値は $\{x_m\}_{m=1}^M$ および $\{y_n\}_{n=1}^N$ で与えられるものとする[2]．変数 x は $\{x_m\}_{m=1}^M$ のいずれかの値をとるものとすると，条件付き確率 $P[Z=z|X=x]$ は X と Y の独立性を用いて

$$\begin{aligned}
P[Z=z|X=x] &= \frac{P[Z=z, X=x]}{P[X=x]} = \frac{P[X^2 Y = z, X=x]}{P[X=x]} \\
&= \frac{P\left[X=x, Y=\frac{z}{x^2}\right]}{P[X=x]} = \frac{P[X=x]P\left[Y=\frac{z}{x^2}\right]}{P[X=x]} \\
&= P\left[Y=\frac{z}{x^2}\right]
\end{aligned}$$

と計算できる[3]．よって

$$E[Z|X=x] = \sum_z z P[Z=z|X=x] = \sum_z z P\left[Y=\frac{z}{x^2}\right]$$

で与えられるが，右辺の和をとる際に $P\left[Y=\frac{z}{x^2}\right]$ がゼロにならない z は，$\frac{z}{x^2}$ が $\{y_n\}_{n=1}^N$ のいずれかと等しい場合のみである．すなわち $\frac{z}{x^2} = y_n$ となる z の

---

[2] もちろんこれらの値では $P[X=x_m] > 0$ および $P[Y=y_n] > 0$ が成り立つ．
[3] 基本的には X と Y の独立性を用いて

$$P[Y=l|X=k] = \frac{P[Y=l, X=k]}{P[X=k]} = \frac{P[Y=l]P[X=k]}{P[X=k]} = P[Y=l]$$

を使っていると思えばよい．

みである．よって

$$E[Z|X=x] = \sum_{n=1}^{N} x^2 y_n P[Y=y_n] = x^2 \sum_{n=1}^{N} y_n P[Y=y_n] = x^2 E[Y]$$

と計算できる．また，$g(x) = E[Z|X=x] = x^2 E[Y]$ とおけば

$$E[Z|X] = X^2 E[Y]$$

となることもわかる． □

例 2.2 2 次元の確率変数 (X,Y) は $(-1,-1), (-1,1), (1,-1), (1,1)$ という 4 つの数をとり，

$$P[X=-1, Y=-1] = \frac{1}{3}, \qquad P[X=-1, Y=1] = \frac{1}{4},$$
$$P[X=1, Y=-1] = \frac{1}{4}, \qquad P[X=1, Y=1] = \frac{1}{6}$$

であるものとする．$P[Y=-1|X=-1]$ は

$$\begin{aligned} P[Y=-1|X=-1] &= \frac{P[Y=-1, X=-1]}{P[X=-1]} \\ &= \frac{P[Y=-1, X=-1]}{P[X=-1, Y=-1] + P[X=-1, Y=1]} = \frac{1/3}{7/12} = \frac{4}{7} \end{aligned}$$

であり，他の場合も同様に，$P[Y=1|X=-1] = 3/7, P[Y=-1|X=1] = 3/5, P[Y=1|X=1] = 2/5$ と計算できる．これらを用いれば，

$$E[Y|X=-1] = (-1) \times \frac{4}{7} + 1 \times \frac{3}{7} = -\frac{1}{7}$$

である．同様の計算により $E[Y|X=1] = -1/5$ である．また，

$$E[Y|X] = \begin{cases} -\dfrac{1}{7} & (X=-1) \\ -\dfrac{1}{5} & (X=1) \end{cases}$$

である．ただし，X が -1 となる確率は $P[X = -1] = 7/12$ なので，$E[Y|X] = -1/7$ となる確率は $7/12$ であり（$X = -1$ が出たときに $E[Y|X] = -1/7$ となる），$E[Y|X] = -1/5$ となる確率は $5/12$ である． □

条件付き期待値は次のような性質をもつ．

定理 2.1 (1) a および b を実数とすると

$$E[aY + bZ|X] = aE[Y|X] + bE[Z|X]$$

が成り立つ．

(2) 任意の関数 f について

$$E[f(X)Y|X] = f(X)E[Y|X]$$

が成り立つ．

(3) 任意の関数 f について

$$E[f(X)Y] = E\bigl[f(X)E[Y|X]\bigr]$$

が成り立つ．

(4) 次の式が成り立つ．

$$E[Y] = E\bigl[E[Y|X]\bigr]$$

証明 (1) と (2) は定義に戻って考えよ．
(3) $g(k) = E[Y|X = k]$ とおく．条件付き期待値の定義より

$$E\bigl[f(X)E[Y|X]\bigr] = E[f(X)g(X)] = \sum_k f(k)g(k)P[X = k] \tag{2.1}$$

となる．ところが，$X = k$ の下での条件付き期待値の定義より

$$g(k) = E[Y|X = k] = \sum_l lP[Y = l|X = k] = \sum_l l \frac{P[Y = l, X = k]}{P[X = k]}.$$

これを式 (2.1) に代入すると

$$E\bigl[f(X)E[Y|X]\bigr] = \sum_k \sum_l f(k)lP[Y = l, X = k] = E[f(X)Y]$$

が成り立つ.

(4) (3) の結果で，特に，$f(x) = 1$ の場合を考えればよい. □

次に，連続な値をとり，確率密度関数をもつ確率変数 (X, Y) について，条件付き期待値 $E[Y|X]$ を定義する．いま，確率変数 X と Y について，(X, Y) の同時確率密度関数を $f_{X,Y}(x, y)$ とし，X の確率密度関数を $f_X(x)$ と書くことにしよう．

定義 2.2 (1) 事象 $\{X = x\}$ の下での Y の条件付き期待値を $E[Y|X = x]$ と書き

$$E[Y|X = x] = \int_{-\infty}^{\infty} y f_{Y|X}(y|x) dy$$

で定義する．ただし，$f_{Y|X}(y|x)$ は確率変数 Y の X での条件付き確率密度関数と呼ばれ，

$$f_{Y|X}(y|x) = \frac{f_{X,Y}(x, y)}{f_X(x)}$$

で定義される．ただし $f_X(x) \neq 0$ とする．ここで $f_X(x)$ とは $f_X(x) = \int_{-\infty}^{+\infty} f_{X,Y}(x, y) dy$ のことである．

(2) 確率変数 X を条件とした Y の条件付き期待値を $E[Y|X]$ と書き，以下の手順で定義する．関数 $g(\cdot)$ を $g(x) = E[Y|X = x]$ と定義する．関数 $g(\cdot)$ に確率変数 X を代入して，新しい確率変数

$$Z = g(X)$$

を条件付き期待値 $E[Y|X]$ と定義する．

連続な高次元の確率変数 $(X_1, \ldots, X_n, Y)$ についても条件付き期待値についても，$E[Y|X_1 = k_1, \ldots, X_n = k_n]$ や $E[Y|X_1, \ldots, X_n]$ を定義することができる．また，定理 2.1 のような性質は連続な確率変数についても成立する．

例 2.3 同時確率密度関数が

$$f_{X,Y}(x, y) = \begin{cases} ce^{-(2x+y)} & (0 \leq y \leq x \leq 1) \\ 0 & (その他) \end{cases}$$

という形の確率変数 (X,Y) があったものとする．まずそのときの c を決定しよう．X の密度関数 $f_X(x)$ を求めると，

$$f_X(x) = \int_0^x ce^{-(2x+y)}dy = c(e^{-2x} - e^{-3x})$$

となる．全確率が 1 なので

$$1 = \int_0^1 f_X(x)dx = c\left(\frac{1}{6} - \frac{e^{-2}}{2} + \frac{e^{-3}}{3}\right)$$

である．よって，$c = \frac{1}{\frac{1}{6} - \frac{e^{-2}}{2} + \frac{e^{-3}}{3}}$ である．また，条件付き確率密度関数 $f_{Y|X}(x,y)$ は

$$f_{Y|X}(x,y) = \frac{f_{X,Y}(x,y)}{f_X(x)} = \begin{cases} \dfrac{e^{-(2x+y)}}{e^{-2x} - e^{-3x}} & (0 \leq y \leq x \leq 1) \\ 0 & (その他) \end{cases}$$

である．よって，条件付き期待値 $E[Y|X=x]$ は

$$E[Y|X=x] = \int_0^x \frac{ye^{-(2x+y)}}{e^{-2x} - e^{-3x}}dy = \frac{e^{-2x}}{e^{-2x} - e^{-3x}}\int_0^x ye^{-y}dy$$

となる．このことから

$$E[Y|X=x] = \frac{e^{-2x} - e^{-3x}(x+1)}{e^{-2x} - e^{-3x}}$$

がいえる．すなわち

$$E[Y|X] = \frac{e^{-2X} - e^{-3X}(X+1)}{e^{-2X} - e^{-3X}}$$

である． □

　条件付き期待値は確率論，特に確率過程を学ぶ際には避けて通ることができない概念である．特に，連続な値をとる確率変数に対する条件付き期待値の正確な意味について理解するには，測度論的確率論を学ぶ必要がある．今後，金融や保険の数学を学ぶ場合には測度論を学ぶことを強く勧める．

2.2 マルコフ連鎖

ここまで述べてきた条件付き期待値の性質をもとに，マルコフ連鎖の性質を調べよう．ここでは，離散時間のマルコフ連鎖モデルと連続時間のマルコフ連鎖の性質，両方について考察を行いたい．さらに詳しい説明は魚返 (1968)，渡部 (1979)，宮沢 (1993)，シナジ (2001)，尾畑 (2012) などを参照せよ．

2.2.1 離散時間マルコフ連鎖

離散時間のマルコフ連鎖について考えてみる．時刻 $\mathcal{N} = \{0, 1, 2, \cdots\}$ において定義された確率変数の族 $\{X_n\}_{n=0}^{\infty}$ は，高々可算個の状態をとり得るものとする．とり得る状態が加算無限個ある場合は，状態を $\{1, 2, \ldots\}$ または $\{0, 1, 2, \ldots\}$ と番号付けし，とり得る状態が有限個（N 個）の場合は $\{1, 2, \ldots, N\}$ または $\{0, 1, 2, \ldots, (N-1)\}$ と番号付ける．状態全体の集合を $\mathcal{S}$ と書くことにする．時刻の列 $0 \leq n_1 < n_2 < \cdots < n_m < n$ について

$$P[X_{n+1} = j | X_{n_1} = i_1, X_{n_2} = i_2, \cdots, X_{n_m} = i_m, X_n = i] = P[X_{n+1} = j | X_n = i]$$

が成り立つとき，確率過程 $\{X_n\}_{n=1}^{\infty}$ をマルコフ連鎖と呼ぶ．特に n によらず

$$p_{i,j} = P[X_{n+1} = j | X_n = i]$$

が定義できるマルコフ連鎖を時間斉次的マルコフ連鎖と呼ぶ．ここでは斉次的離散時間マルコフ連鎖について議論を行う．まず，$p_{i,j}(m) = P[X_{l+m} = j | X_l = i]$ の計算の仕方を考える．すなわち時刻 l で X_l が i をとっていた場合に時間が m だけ進んだとき，X_{l+m} が j をとる確率を求めたい．そのために確率過程 $X.$ のとり得るありとあらゆる経路を考えて確率計算をすると

$$\begin{aligned}
p_{i,j}(m) &= \sum_{j_1, \ldots, j_{m-1} \in \mathcal{S}} P[X_{l+m} = j, X_{l+m-1} = j_{m-1}, \ldots, X_{l+1} = j_1 | X_l = i] \\
&= \sum_{j_1, \ldots, j_{m-1} \in \mathcal{S}} P[X_{l+1} = j_1 | X_l = i] P[X_{l+2} = j_2 | X_{l+1} = j_1, X_l = i] \times \cdots \\
&\qquad \times P[X_{l+m} = j | X_{l+m-1} = j_{m-1}, \ldots, X_{l+1} = j_1, X_l = i] \\
&= \sum_{j_1, \ldots, j_{m-1} \in \mathcal{S}} P[X_{l+1} = j_1 | X_l = i] P[X_{l+2} = j_2 | X_{l+1} = j_1] \times \cdots
\end{aligned}$$

$$\times P[X_{l+m} = j | X_{l+m-1} = j_{m-1}]$$
$$= \sum_{j_1,\ldots,j_{m-1}\in\mathcal{S}} p_{i,j_1} p_{j_1,j_2} \cdots p_{j_{m-1},j}$$

が成り立つ．ただし3個目の等号を計算するためにマルコフ性を用いて計算を行った．

時刻0において $X_0 = i$ であったものとする．このとき，確率過程 $X.$ が時刻 n で初めて $j(\neq i)$ に到達する確率を $f_{i,j}(n)$ と書くことにする．また，状態 i を出発して i に戻るまでの確率を計算する場合（つまり $i = j$ の場合）は $f_{i,i}(0) = 0$ であるものとし，$f_{i,i}(n)$ は i を出発して $n(\geq 1)$ 期が経って初めて i に戻ってくる確率を考えるものとする．確率過程 X_n が時刻0において値 i をとる場合に，確率過程 $X.$ が初めて j に到達する時刻（$j = i$ の場合は初めて i に戻ってくる時刻）を $\tau_{i,j}$ と書くことにすれば，$f_{i,j}(n)$ は $\tau_{i,j}$ の確率関数であり，

$$f_{i,j}(n) = P[\tau_{i,j} = n] = P[X_n = j, X_t \neq j \ (t = 1,\ldots,n-1) | X_0 = i]$$

で与えられる．いま，二つの状態 $i, j \in \mathcal{S}$ を考える．ある正の整数 n について $p_{i,j}(n) > 0$ となる場合に，状態 j は状態 i から到達可能であるといい $i \to j$ と書くことにする．状態 j が状態 i に到達可能で，かつ状態 i が状態 j に到達可能なときに i と j は互いに到達可能であるといい $i \leftrightarrow j$ と書く．さらに $\mathcal{S}$ に含まれている任意の状態 i と j が互いに到達可能であるとき，$\mathcal{S}$ は既約であるという．また，$\sum_{n=1}^{\infty} f_{i,i}(n) < 1$ が成り立つとき状態 i は一時的または非再帰的であるといい，$\sum_{n=1}^{\infty} f_{i,i}(n) = 1$ が成り立つとき状態 i は再帰的であるという．さらに，状態 i が再帰的な場合について，特に $E[\tau_{i,i}] = \infty$ が成り立てば状態 i は零再帰的，$E[\tau_{i,i}] < \infty$ が成り立てば状態 i は正再帰的であるという．

$p_{i,j}(n)$ と到達確率 $f_{i,j}(n)$ は，関係式

$$p_{i,j}(n) = \sum_{k=0}^{n} f_{i,j}(k) p_{j,j}(n-k) \tag{2.2}$$

を満たしている．この関係式をマルコフ性を使って確かめることは可能であるが，以下のように考えれば式の意味は明瞭であろう．もし $i \neq j$ ならば $f_{i,j}(0) = 0$ であるし，$i = j$ であっても $f_{i,i}(0) = 0$ なので，右辺は事実上 $\sum_{k=1}^{n} f_{i,j}(k) p_{j,j}(n-k)$

と等しい．時刻 n で j に到達するには，初めて状態 j に到達する時刻は時刻 1 から n までのいずれかでないとおかしい．これが時刻 k である確率は $f_{i,j}(k)$ である．時刻 k で状態 j におり，残りの時間 $n-k$ を経てまた状態 j に戻ってくれば，時刻 n において X_n は j と等しくなる．初めて j に到達する時刻が k であり，かつ時刻 n において最終的に j に到達するという事象を A_k とすると $A_1,\ldots,A_n$ は互いに排反である．このことに注意すれば，(2.2) が成り立つことがすぐにわかる．数式を用いた正確な証明については多くのマルコフ連鎖に関する本に載っている．各自で確認してほしい．

新しい二つの関数 $P_{i,j}(s)$ と $F_{i,j}(s)$ を，$|s|<1$ において

$$P_{i,j}(s) = \sum_{n=0}^{\infty} p_{i,j}(n)s^n, \qquad F_{i,j}(s) = \sum_{n=0}^{\infty} f_{i,j}(n)s^n$$

で定義する．$F_{i,j}(s)$ は $\tau_{i,j}$ の確率母関数となっている．ここで二つの場合を考えよう．

(1) $i \neq j$ を満たす場合

$F_{i,j}(s)$ と $P_{j,j}(s)$ の積を考えると，

$$F_{i,j}(s)P_{j,j}(s) = \sum_{n=0}^{\infty}\sum_{k+m=n} f_{i,j}(k)p_{j,j}(m)s^n = \sum_{n=0}^{\infty}\left\{\sum_{k=0}^{n} f_{i,j}(k)p_{j,j}(n-k)\right\}s^n$$

$$= \sum_{n=0}^{\infty} p_{i,j}(n)s^n = P_{i,j}(s)$$

となる．三つ目の等号を示すために式 (2.2) を用いた．よって

$$F_{i,j}(s)P_{j,j}(s) = P_{i,j}(s) \quad (i \neq j)$$

が成り立つ．

(2) $i=j$ が成り立つ場合

$i=j$ が成り立つ場合の $F_{i,i}(s)$ と $P_{i,i}(s)$ の積もほぼ同様の計算手順で求めることができるが，$F_{i,i}(s)$ の 0 次項すなわち定数項は $f_{i,i}(0)=0$ と約束したことから，左辺の 0 次項は 0 となる．一方，$p_{i,i}(0)=1$ がいえるので，最終的な結果が少しだけ変わり

$$F_{i,i}(s)P_{i,i}(s) = P_{i,i}(s) - 1 \quad (i=j)$$

となる．よって，

$$P_{i,i}(s) = \frac{1}{1 - F_{i,i}(s)} \tag{2.3}$$

が成り立つ．

> **定理 2.2** 状態 i が再帰的ならば
>
> $$\sum_{n=0}^{\infty} p_{i,i}(n) = \infty \tag{2.4}$$
>
> であり，一時的ならば
>
> $$\sum_{n=0}^{\infty} p_{i,i}(n) < \infty \tag{2.5}$$
>
> が成り立つ．

証明 状態 i が再帰的であるものとする．もし $0 < s < 1$ であれば，$f_{i,i}(n)s^n \geq 0$ が成り立つので，状態 i が再帰的であれば

$$F_{i,i}(s) = \sum_{n=1}^{\infty} f_{i,i}(n)s^n \nearrow \sum_{n=1}^{\infty} f_{i,i}(n) = 1 \ (s \nearrow 1) \tag{2.6}$$

が成り立つ．ただし記号 $\nearrow$ は下から収束することを表す．式 (2.3) より

$$\sum_{n=0}^{\infty} p_{i,i}(n) = \lim_{s \nearrow 1} \sum_{n=0}^{\infty} p_{i,i}(n)s^n = \lim_{s \nearrow 1} P_{i,i}(s) = \lim_{s \nearrow 1} \frac{1}{1 - F_{i,i}(s)} = \infty$$

が示された．

次に，状態 i が一時的であるものとする．すると一時的の定義より $\sum_{n=1}^{\infty} f_{i,i}(n) < 1$ が成り立つ．式 (2.6) と同様に

$$F_{i,i}(s) = \sum_{n=1}^{\infty} f_{i,i}(n)s^n \nearrow \sum_{n=1}^{\infty} f_{i,i}(n) < 1 \ (s \nearrow 1)$$

がいえる．よって

$$\sum_{n=0}^{\infty} p_{i,i}(n) = \lim_{s \nearrow 1} \sum_{n=0}^{\infty} p_{i,i}(n)s^n = \lim_{s \nearrow 1} P_{i,i}(s) = \lim_{s \nearrow 1} \frac{1}{1 - F_{i,i}(s)} < \infty$$

が成り立つ． □

状態 i は再帰的か一時的かどちらかなので，逆に式 (2.4) が成り立てば再帰的であるし，式 (2.5) が成り立てば一時的となる．次に以下の定理を与える．

定理 2.3 状態 i が再帰的で $i \leftrightarrow j$ であれば，j も再帰的．

証明 $i \neq j$ のときを示せばよい．$i \leftrightarrow j$ なので，

$$p_{i,j}(n) > 0, \qquad p_{j,i}(m) > 0$$

となる 1 以上の整数，m と n が存在する．また，状態 i は再帰的なので

$$\sum_{l=0}^{\infty} p_{i,i}(l) = \infty$$

が成り立つ．正の整数 l について

$$p_{j,j}(m+l+n) \geq p_{j,i}(m)p_{i,i}(l)p_{i,j}(n)$$

となる．よって，

$$\sum_{l=0}^{\infty} p_{j,j}(m+l+n) \geq p_{j,i}(m)p_{i,j}(n) \sum_{l=0}^{\infty} p_{i,i}(l) = \infty$$

となる．よって，状態 j も再帰的である． □

この定理より，既約なマルコフ連鎖は状態がすべて再帰的か一時的のどちらかであることがわかる．ある既約なマルコフ連鎖が与えられたとき，状態がすべて再帰的であれば再帰的なマルコフ連鎖と，一時的であれば一時的マルコフ連鎖と呼ぶことにしよう．次の概念は，後で離散時間における破産理論の話題に触れる際に必要となる．マルコフ連鎖が一時的になる条件を考える前に $g_{i,j}$ を

$$g_{i,j} = P[\text{無限回状態 } j \text{ を通る} | X(0) = i]$$

と定義する．この $g_{i,j}$ は次のような性質

$$g_{i,j} = P[\text{状態 } j \text{ を無限回通る } | X_0 = i]$$
$$= \sum_k P[\text{時刻 } m \text{ 以降に状態 } j \text{ を無限回通りかつ}, \ X_m = k | X_0 = i]$$
$$= \sum_k P[X_m = k | X_0 = i] P[\text{時刻 } m \text{ 以降に状態 } j \text{ を無限回通る } | X_0 = i, X_m = k]$$
$$= \sum_k P[X_m = k | X_0 = i] P[\text{時刻 } m \text{ 以降に状態 } j \text{ を無限回通る } | X_m = k]$$
$$= \sum_k p_{i,k}(m) g_{k,j}$$

を満たす.特に $j=i$ のときは

$$g_{i,i} = \sum_k p_{i,k}(m) g_{k,i} \tag{2.7}$$

が成り立つ.また,i から出発したマルコフ連鎖が少なくとも m 回 j を通る確率を $g_{i,j}(m)$ と書くと,$m \geq 2$ のときに

$$g_{i,i}(m) = f_{i,i} g_{i,i}(m-1)$$

が成り立つことが直感的にわかるであろう[4].ただし $f_{i,i}$ とは $f_{i,i} = \sum_{n=1}^{\infty} f_{i,i}(n)$ のことである.よって $g_{i,i}(1) = f_{i,i}$ に注意して

$$g_{i,i}(m) = f_{i,i} g_{i,i}(m-1) = \cdots = (f_{i,i})^{m-1} g_{i,i}(1) = (f_{i,i})^m$$

がいえた.これより $f_{i,i} = 1$ すなわち状態 i が再帰的ならば

$$g_{i,i} = \lim_{m \to \infty} g_{i,i}(m) = 1$$

が成り立つ.同様に i が一時的ならば $g_{i,i} = 0$ となる.ここで次の定理が成り立つ.

---

[4] i を出発したマルコフ連鎖が $m(\geq 2)$ 回以上 i を通るには,まず一度は i に戻ってこないといけない.それが起こる確率は $f_{i,i}$ である.その上であと $m-1$ 回 i へ戻ってこないといけないが,その確率は $g_{i,i}(m-1)$ である.よってこの式が成り立つ.マルコフ性の定義を明示的に利用した正確な証明も難しくはない.詳細は魚返 (1968) の定理 5.2 の証明を見よ.

38　第 2 章　マルコフ連鎖

補題 2.1 状態 i が再帰的で $i \to j$ ならば

$$f_{j,i} = \sum_{n=1}^{\infty} f_{j,i}(n) = 1$$

が成り立つ．

証明　式 (2.7) の左辺に $\sum_k p_{i,k}(m) = 1$ をかけてやると

$$\sum_k p_{i,k}(m) g_{i,i} = \sum_k p_{i,k}(m) g_{k,i}$$

が成り立つので

$$\sum_k p_{i,k}(m)(g_{i,i} - g_{k,i}) = 0$$

となる．状態 i は再帰的なので $g_{i,i} = 1$ が成り立ち

$$\sum_k p_{i,k}(m)(1 - g_{k,i}) = 0$$

であるが，$p_{i,k}(m) \geq 0$ かつ $1 - g_{k,i} \geq 0$ なので，任意の m と k について $p_{i,k}(m) = 0$ または $1 - g_{k,i} = 0$ でないといけない．しかし，特に $k = j$ のときは $i \to j$ より，ある m について $p_{i,j}(m) \neq 0$ である．よって，$g_{j,i} = 1$ がいえた．　□

ここまでの準備の上で，既約なマルコフ連鎖が一時的となる必要十分条件を述べよう．

定理 2.4　状態空間 $\{0, 1, 2, \ldots\}$ をもつ既約なマルコフ連鎖が一時的であるための必要十分条件は，変数 $\{y_i\}_{i=1}^{\infty}$ に対する方程式

$$y_i = \sum_{j=1}^{\infty} p_{i,j} y_j \quad (i \geq 1) \tag{2.8}$$

がゼロ・ベクトルでない要素が有界な解をもつことである（和に $j = 0$ が含まれていないことに注意）．

証明　マルコフ連鎖 $X_.$ は一時的であるものとする．時刻 0 に状態 i から出発したマルコフ連鎖 $X_.$ が，時刻 $1, 2, \ldots, n$ のすべての時刻において状態 0 に到達しない確率を $x_i(n)$ とおく．すると

$$x_i(1) = \sum_{j=1}^{\infty} p_{i,j}$$
$$x_i(n) = \sum_{j=1}^{\infty} p_{i,j} x_j(n-1) \tag{2.9}$$

となる．$x_i(1)$ は，時刻 1 でマルコフ連鎖 $X.$ が状態 0 以外にいる確率であり，確かに時刻 1 で 0 に達していない．あとは，数学的帰納法を用いれば $x_i(n)$ が式 (2.9) を満たすことが簡単に確認できる．$x_i = \lim_{n \to \infty} x_i(n)$ とおけば式 (2.9) の両辺に極限 $\lim_{n \to 0}$ を作用させ，

$$x_i = \sum_{j=1}^{\infty} p_{i,j} x_j$$

が成り立つ．これは，マルコフ連鎖 $X.$ が時刻 0 に状態 i から出発して，いつまでも 0 に到達しない確率である．あとはすべての i について $x_i = 0$ ではないことを示せば，ゼロ・ベクトルでない有界な解があったことになる．i から出発したマルコフ連鎖 $X.$ が状態 0 にいつか到達する確率を f_i と書くことにすると

$$x_i = 1 - f_i$$

となるが，ある i について $f_i < 1$ が成り立つことを示せばよい．もし状態 $1, 2, \ldots$ すべてに対して

$$f_i = 1$$

であるとする．状態 0 を出発したマルコフ連鎖 X_n が，時刻 n で状態 0 に初めて戻ってくる確率 $f_{0,0}(n)$ は

$$f_{0,0}(1) = p_{0,0}, \qquad f_{0,0}(n) = \sum_{i=1}^{\infty} p_{0,i} f_{i,0}(n-1)$$

で与えられる．よって，

$$\begin{aligned} f_0 &= f_{0,0}(1) + \sum_{n=2}^{\infty} f_{0,0}(n) = p_{0,0} + \sum_{i=1}^{\infty} p_{0,i} \sum_{n=2}^{\infty} f_{i,0}(n-1) \\ &= p_{0,0} + \sum_{i=1}^{\infty} p_{0,i} f_i = \sum_{i=0}^{\infty} p_{0,i} = 1 \end{aligned}$$

となり，状態 0 は再帰的．これはマルコフ連鎖が一時的であるという条件に反する．

逆に，方程式 (2.8) がゼロベクトルでない有界な解をもつとする．たとえば任意の n について $|y_n| \leq M$ が成り立てば，方程式 (2.8) の両辺を M で割れば絶対値が 1 以下の解を見つけることができる．よって，初めから解 $\{y_n\}_n$ は $|y_n| \leq 1$ であると仮定してよい．方

程式 (2.8) と式 (2.9) より

$$|y_i| \leq \sum_{j=1,2,\ldots} p_{i,j}|y_j| \leq \sum_{j=1,2,\ldots} p_{i,j} = x_i(1)$$

である．この結果を使うと，さらに

$$|y_i| \leq \sum_{j=1,2,\ldots} p_{i,j}|y_j| \leq \sum_{j=1,2,\ldots} p_{i,j} x_j(1) = x_i(2)$$

となる．以下同様に

$$|y_i| \leq x_i(n)$$

である．$n \to \infty$ として

$$|y_i| \leq x_i = 1 - f_i$$

である．ある i において $\{y_i\}$ は 0 ではないので $f_i < 1$ となる．ところが，もし既約なマルコフ連鎖 $X.$ が再帰的であるものとする．マルコフ連鎖の既約性より $0 \to i$ であるが，補題 2.1 より $f_i = 1$ となる．これは $f_i < 1$ と矛盾する．よって，状態 i は一時的．したがってマルコフ連鎖自体が一時的となることがわかった． □

この定理を少し変形した以下の系も成り立つことが知られている．

> **系 2.1** 既約なマルコフ連鎖が一時的であるための必要十分条件は，連立方程式
> $$y_i = \sum_{j=0}^{\infty} p_{i,j} y_j \quad (i \geq 1) \tag{2.10}$$
> が定数でない有界な解をもつことである[5]．

証明は，マルコフ連鎖が一時的ならば

$$y_i = \begin{cases} 1 & (i = 0) \\ f_{i,0} & (i \geq 1) \end{cases}$$

とすればよい．逆側の証明は新しい変数 x_i を $x_i = y_i - y_0$ とおき，(2.10) に代入すると定理 2.4 を用いることができる形になる．

マルコフ連鎖 X_n の推移確率 $p_{i,j}$ について

---

[5] 定理 2.4 のシグマ記号では 1 から無限大まで和をとっていたが，この系では 0 から無限大までの和であることに注意すること．

$$\pi_i \geq 0, \sum_{i=0}^{\infty} \pi_i = 1, \qquad \pi_j = \sum_{i=0}^{\infty} \pi_i p_{i,j}$$

を満たす確率分布が存在するものとする．このような分布をマルコフ連鎖 X_n の定常分布という．定常分布について以下のような定理が知られている．

> **定理 2.5** 既約なマルコフ連鎖 X_n が定常分布 π をもつことと，マルコフ連鎖 X_n が正再帰的なことは同値である．

この定理は有名ではあるが，証明は面倒なので省略する．証明は魚返 (1968)，シナジ (2001), 尾畑 (2012) などを参照にするとよい．

2.2.2 連続時間マルコフ連鎖

引き続き，連続時間でのマルコフ連鎖について考えてみる．時刻 $\mathbf{R}^+ = [0, \infty)$ において定義された確率過程 $\{X_t\}_{t \in \mathbf{R}^+}$ は，離散時間の場合と同じく高々可算個の状態をとり得るものとし，加算無限状態を考える際は状態には $\{1, 2, \ldots\}$ または $\{0, 1, 2, \ldots\}$ と名前を付け，有限個（N 個）の場合は $\{1, 2, \ldots, N\}$ または $\{0, 1, 2, \ldots, (N-1)\}$ と名前を付けるとする．連続時間においても状態全体の集合を $\mathcal{S}$ と書くことにする．

> **定義 2.3** 確率過程 $\{X_t\}_{t \in R^+}$ が，任意の時点 $0 \leq t_1 < \ldots < t_n < t_{n+1}$ と状態 $i_1, \ldots, i_n \in \mathcal{S}$ について条件
>
> $$P[X_{t_{n+1}} | X_{t_1} = i_1, \ldots, X_{t_n} = i_n] = P[X_{t_{n+1}} | X_{t_n} = i_n]$$
>
> を満たすときに連続時間マルコフ連鎖であるという．

連続時間で定義されたマルコフ連鎖 $\{X_t\}_{t \in \mathbf{R}^+}$ が，時刻 s において状態 i にあるとする．このとき時刻 t において状態 j である確率を $p_{ij}(s, t)$ と書くことにする．すなわち

$$p_{ij}(s, t) = P[X_t = j | X_s = i]$$

であり，$p_{ij}(s, t)$ を推移確率と呼ぶ．このような確率について以下のチャップマン・コロモゴロフの等式が成り立つ．

定理 2.6 連続時間で定義されたマルコフ連鎖 $\{X_t\}_{t\in \mathbf{R}^+}$ について考える. 時刻 $0 \leq s \leq t \leq u$ と状態 i, j について以下の等式

$$p_{ik}(s,u) = \sum_{j\in \mathcal{S}} p_{ij}(s,t)p_{jk}(t,u)$$

が成り立ち，この等式をチャップマン・コロモゴロフの等式と呼ぶ.

証明 $\tilde{\mathcal{S}} = \{j \in \mathcal{S}|P[X_t = j, X_s = i] > 0\}$ とおく. $j_1, j_2 \in \tilde{\mathcal{S}}$ かつ $j_1 \neq j_2$ とすると $\{X_u = k, X_t = j_1, X_s = i\}$ と $\{X_u = k, X_t = j_2, X_s = i\}$ は排反であり，$\{X_u = k, X_s = i\} = \cup_{j\in\tilde{\mathcal{S}}}\{X_u = k, X_t = j, X_s = i\}$ が成り立つので

$$p_{ik}(s,u) = P[X_u = k|X_s = i] = \sum_{j\in \tilde{\mathcal{S}}} P[X_u = k, X_t = j|X_s = i]$$

がいえる. マルコフ性を用いると

$$\begin{aligned} P[X_u = k, X_t = j|X_s = i] &= P[X_u = k|X_t = j, X_s = i]P[X_t = j|X_s = i] \\ &= P[X_u = k|X_t = j]P[X_t = j|X_s = i] \end{aligned}$$

が成り立つので，

$$\begin{aligned} p_{ik}(s,u) &= \sum_{j\in \tilde{\mathcal{S}}} P[X_u = k|X_t = j]P[X_t = j|X_s = i] \\ &= \sum_{j\in \mathcal{S}} p_{ij}(s,t)p_{jk}(t,u) \end{aligned}$$

がいえる. □

定義 2.4 $\{X_t\}_{t\in \mathbf{R}^+}$ を連続時間マルコフ連鎖であるものとする. 以下で定義する $\mu_i(t)$ と $\mu_{ij}(t)$ を推移率と呼ぶ.

$$\begin{aligned} \mu_i(t) &= \lim_{\Delta t \to 0} \frac{1 - p_{ii}(t, t+\Delta t)}{\Delta t}, \\ \mu_{ij}(t) &= \lim_{\Delta t \to 0} \frac{p_{ij}(t, t+\Delta t)}{\Delta t} \quad (i \neq j). \end{aligned}$$

また，$\mu_{ii}(t) = -\mu_i(t)$ と定義しておく.

行列値関数 $\Lambda(t)$ を

$$\Lambda(t) = \begin{pmatrix} \mu_{11}(t) & \mu_{12}(t) & \cdots & \mu_{1N}(t) \\ \mu_{21}(t) & \mu_{22}(t) & \cdots & \mu_{2N}(t) \\ \cdots & \cdots & \cdots & \cdots \\ \mu_{N1}(t) & \mu_{N2}(t) & \cdots & \mu_{NN}(t) \end{pmatrix}$$

とする．$i \neq j$ のとき $p_{ij}(t,t) = 0$ より，

$$\mu_{ij}(t) = \lim_{\Delta t \to 0} \frac{p_{ij}(t, t+\Delta t)}{\Delta t} = \frac{d}{ds} p_{ij}(t,s)|_{s=t}$$

が成り立つ．また，$p_{ii}(t,t) = 1$ なので

$$\mu_{ii}(t) = -\mu_i(t) = \lim_{\Delta t \to 0} \frac{p_{ii}(t, t+\Delta t) - 1}{\Delta t} = \frac{d}{ds} p_{ii}(t,s)|_{s=t}$$

が成り立つ．ここで行列値関数 $P(s,t)$ を

$$P(s,t) = \begin{pmatrix} p_{11}(s,t) & p_{12}(s,t) & \cdots & p_{1N}(s,t) \\ p_{21}(s,t) & p_{22}(s,t) & \cdots & p_{2N}(s,t) \\ \cdots & \cdots & \cdots & \cdots \\ p_{N1}(s,t) & p_{N2}(s,t) & \cdots & p_{NN}(s,t) \end{pmatrix}$$

で定義しておく．すると行列値関数 $P(s,t)$ は次の定理を満たす．

定理 2.7 (1) 行列値関数 $P(s,t)$ は微分方程式

$$\frac{d}{ds} P(s,t) = -\Lambda(s) P(s,t)$$

を満たす．これを後ろ向き方程式という．

(2) 行列値関数 $P(s,t)$ は微分方程式

$$\frac{d}{dt} P(s,t) = P(s,t) \Lambda(t)$$

を満たす．これを前向き方程式という．

証明 (1) いま，$s < s+\Delta s < t$ とする．定理 2.6 より

$$p_{ij}(s,t) = \sum_{k=1}^{N} p_{ik}(s, s+\Delta s) p_{kj}(s+\Delta s, t)$$

が成り立つので，$p_{ij}(s,t)$ を $P(s,t)$ の (i,j) 要素，$p_{ik}(s,s+\Delta s)$ と $p_{kj}(s+\Delta s,t)$ をそれぞれ $P(s,s+\Delta s)$ と $P(s+\Delta s,t)$ の (i,k) 要素，(k,j) 要素と見なすことにより

$$P(s,t) = P(s, s+\Delta s) P(s+\Delta s, t)$$

が成り立つ．よって

$$\begin{aligned}\frac{P(s+\Delta s, t) - P(s,t)}{\Delta s} &= \frac{E - P(s, s+\Delta s)}{\Delta s} \times P(s+\Delta s, t) \\ &\to -\Lambda(s) P(s,t) \ (\Delta s \to 0)\end{aligned}$$

がいえる．E は単位行列．ただし，$\lim_{\Delta s \to 0} \frac{E - P(s, s+\Delta s)}{\Delta s} = -\Lambda(s)$ は推移率の定義より成り立つ．

(2) 後ろ向きの場合とほぼ同様に考えると

$$\begin{aligned}\frac{P(s, t+\Delta t) - P(s,t)}{\Delta t} &= P(s,t) \times \frac{P(t, t+\Delta t) - E}{\Delta t} \\ &\to P(s,t) \Lambda(t) \ (\Delta t \to 0)\end{aligned}$$

が成り立つ． □

定理 2.7 の結果を行列の要素ごとに考えると，以下の式が成り立つ．

系 2.2 (1) $p_{ij}(s,t)$ は微分方程式

$$\frac{d}{ds} p_{ij}(s,t) = \mu_i(s) p_{ij}(s,t) - \sum_{k \neq i} \mu_{ik}(s) p_{kj}(s,t)$$

を満たす．

(2) $p_{ij}(s,t)$ は微分方程式

$$\frac{d}{dt} p_{ij}(s,t) = -p_{ij}(s,t) \mu_j(t) + \sum_{k \neq j} p_{ik}(s,t) \mu_{kj}(t)$$

を満たす．

2.3 保険の問題への応用

ここでは二つの例を考えることにより，マルコフ連鎖の保険に関する問題への応用について考察を行ってみたい．一つ目は保険会社の破産確率評価を行う簡単なモデルで，もう一つは生命保険の価格評価などの基礎として用いられる生存確率の計算である．前者は離散マルコフ連鎖の再帰性を用いて議論を行い，後者は連続時間マルコフ連鎖を用いて議論を行う．生存時間の計算を考えていくと連立常微分方程式が出てくるが，この連立常微分方程式の解を求めるための数値計算手法についても考察を行いたい．

2.3.1 保険会社の破産確率[6]

ここでは，時刻 $n(=0,1,2,\ldots)$ における保険会社の資産額 $U(n)$ が

$$U(n) = u + n - \sum_{i=1}^{n} Z_i$$

のように変動するモデルを考える．$U(n)$ をリスク過程と呼ぶことにする．このモデルにおいて u は保険会社の初期資産額であり，この保険会社は単位時間当たり保険料収入が常に 1 だけある．一方で，Z_n は時刻 n における保険金支払額で，保険金 k を支払う確率は

$$P[Z_n = k] = p_k \quad (k = 0, 1, 2, \ldots)$$

で与えられるものとする．時刻 $\tau = \inf\{n > 0 | U(n) \leq 0\}$ を保険会社の破産時間とする．このようなモデルを破産モデルと呼ぼう．破産モデルを考えたときに，保険会社が破産しないということはあり得るのであろうか？ マルコフ連鎖の性質を用いてそのようなことが起こるのかどうかを考えてみよう．

まず，このリスク過程とかなり似た性質をもつマルコフ連鎖 $X.$ について考察を行ってみよう．$X.$ は状態 $\mathcal{S} = \{0, 1, 2, \ldots\}$ に値をとり得るマルコフ連鎖とする．時刻 n において状態 i にあるとする．時刻 $n+1$ において一つだけ状態が上がって $i+1$ に移る確率は p_0 であり，状態 j ($j = 1, 2, \ldots, i$) に移る確率は p_{i+1-j} である．また，状態 0 に移る確率は $\sum_{k=i+1}^{\infty} p_k$ であるものとする．すな

---

[6] 破産確率の話は少し難しいかもしれない．難しいと感じた場合は先に進んでしまって構わない．

わち，状態 i から j に移る確率を行列を用いて表にすると[7]

$$P = \begin{pmatrix} p_{0,0} & p_{0,1} & p_{0,2} & p_{0,3} & \cdots \\ p_{1,0} & p_{1,1} & p_{1,2} & p_{1,3} & \cdots \\ p_{2,0} & p_{2,1} & p_{2,2} & p_{2,3} & \cdots \\ \cdots & \cdots & \cdots & \cdots & \cdots \end{pmatrix} = \begin{pmatrix} \sum_{j=1}^{\infty} p_j & p_0 & 0 & 0 & \cdots \\ \sum_{j=2}^{\infty} p_j & p_1 & p_0 & 0 & \cdots \\ \sum_{j=3}^{\infty} p_j & p_2 & p_1 & p_0 & \cdots \\ \cdots & \cdots & \cdots & \cdots & \cdots \end{pmatrix}$$

のような表現ができる．このマルコフ連鎖は上記のリスク過程といくつか違う点がある．まず，破産モデルでは負の値をとる可能性があったが，マルコフ連鎖 $X.$ は非負の値しかとらない．また，破産モデルでは赤字から復帰するまでの時間の問題など，一部の問題を除き保険会社が倒産したらその先は考えないことが多いが，マルコフ連鎖モデルでは状態 0 に移ってもその先がまだ続くこととなる．よって，二つのモデルは異なるモデルである．その一方で，初期時点における保険会社の資産額は非負であり，保険会社が倒産するまでは同じモデルになっていることには注意するべきである．このことから，マルコフ連鎖 $X.$ について状態 0 が再帰的なマルコフ連鎖であれば，初期時刻における資産額が 0 から出発したリスク過程も，いつかは 0 または負の状態に戻ってくることとなる．ところが $X.$ は既約なマルコフ連鎖なので，任意の状態 $i(>0)$ から出発したとしても必ず 0 に戻ることとなる．よって，リスクモデルに翻訳して考えると確実に破産するモデルとなる．もしリスクモデルが確実に破産を起こす問題であれば，破産確率は

$$P[\tau < \infty] = 1$$

となり，つまらないモデルとなる．

一方で，マルコフ連鎖 $X.$ が一時的であればリスク過程が 0 または負の状態に戻ってこず，倒産が起こらない可能性が残されることとなる．このような場合には，破産確率 $P[\tau < \infty]$ を評価する問題などが残る．このことからわかるように，マルコフ連鎖 $X.$ がどのような場合に一時的となるのかは興味深い問題である．実は，マルコフ連鎖 $X.$ は

$$E[Z_j] = \sum_{j=1}^{\infty} j p_j < 1 \tag{2.11}$$

---
[7] このような行列を確率推移行列と呼ぶ．

が成り立つときに一時的となることを示すことができる．これを証明しよう．以下の証明は基本的に魚返 (1968) による．式 (2.11) を仮定し，関数 $\phi(s)$ を確率変数 Z_i の確率母関数とする．すなわち

$$\phi(s) = \sum_{j=0}^{\infty} p_j s^j \quad (|s| \leq 1)$$

とする．$g(s) = \phi(s) - s$ に 1 階および 2 階の微分をとると

$$g'(s) = \sum_{j=0}^{\infty} (j+1) p_{j+1} s^j - 1, \quad g''(s) = \sum_{j=0}^{\infty} (j+2)(j+1) p_{j+2} s^j$$

となり，$0 < s < 1$ において $g''(s) > 0$ である．一方で，

$$g'(1) = \sum_{j=0}^{\infty} (j+1) p_{j+1} - 1 = E[Z_j] - 1 < 0$$

が成り立つ．よって，$0 \leq s < 1$ において $g(s)$ は減少関数である．このことから

$$g(s) > g(1) = \sum_{i=0}^{\infty} p_i - 1 = 0 \quad \text{すなわち} \quad \phi(s) > s \tag{2.12}$$

となることがわかった．さて，定理 2.4 の方程式

$$x_k = \sum_{j=1}^{\infty} p_{k,j} x_j \quad (k \geq 1) \tag{2.13}$$

がゼロ・ベクトルでない有界な解をもつかどうかをチェックする．$\{x_k\}_{k=1}^{\infty}$ を連立方程式 (2.13) の解とする．ここで，もし $p_0 = 0$ ならば

$$\sum_{j=1}^{\infty} j p_j \geq \sum_{j=1}^{\infty} p_j = 1 - p_0 = 1$$

となり仮定 (2.11) と矛盾するので $p_0 > 0$ である．ところで x_1 を適当な 0 と異なる実数とする．方程式 (2.13) は $k = 1$ のとき $x_1 = p_{1,1} x_1 + p_0 x_2$ となるが，$p_0 \neq 0$ なので両辺を p_0 で割ると x_2 が求まる．次に，方程式 (2.13) の $k = 2$ の場合を考えると，今度は x_3 が求まる．これを続けていけば，方程式 (2.13) のゼ

ロ・ベクトルでない解が求まる．もちろんこれが有界な解であるかはわからない．そこで，解の有界性を調べたい．いま，

$$p_{k,j} = \begin{cases} p_{k-j+1} & (1 \leq j \leq k+1) \\ 0 & (j > k+1) \end{cases}$$

が成り立つので，式 (2.13) は

$$x_k = \sum_{j=1}^{k+1} p_{k-j+1} x_j \tag{2.14}$$

と書き直すことができる．新しい関数 $X(s)$ を

$$X(s) = \sum_{k=1}^{\infty} x_k s^k$$

と定義する．すると式 (2.14) より

$$\begin{aligned} X(s)\phi(s) &= \left(\sum_{j=1}^{\infty} x_j s^j\right)\left(\sum_{k=0}^{\infty} p_k s^k\right) = \sum_{k=1}^{\infty}\left(\sum_{j=1}^{k} x_j p_{k-j}\right) s^k \\ &= p_0 x_1 s + \sum_{k=2}^{\infty} x_{k-1} s^k = p_0 x_1 s + s X(s) \end{aligned} \tag{2.15}$$

となる．よって，

$$X(s) = \frac{p_0 x_1 s}{\phi(s) - s} \tag{2.16}$$

である．式 (2.12) より $\phi(s) - s > 0$ なのでこの式は定義できる．この式のべき級数展開を求めたい．

$$\frac{\phi(s) - s}{1 - s} = 1 - \frac{\phi(1) - \phi(s)}{1 - s} = 1 - (\phi(1) - \phi(s))\sum_{k=0}^{\infty} s^k \tag{2.17}$$

が成り立つ．ところで

$$\phi(s)\sum_{j=0}^{\infty} s^j = \left(\sum_{k=0}^{\infty} p_k s^k\right)\left(\sum_{j=0}^{\infty} s^j\right) = \sum_{k=0}^{\infty}\left(\sum_{j=0}^{k} p_j 1^{k-j}\right) s^k = \sum_{k=0}^{\infty}\left(\sum_{j=0}^{k} p_j\right) s^k$$

なので $W_k = \sum_{j=k+1}^{\infty} p_j$ および $W(s) = \sum_{k=0}^{\infty} W_k s^k$ とおき，関係式 $\phi(1) = \sum_{j=0}^{\infty} p_j 1^j = 1$ を使えば式 (2.17) はさらに計算ができて

$$\frac{\phi(s) - s}{1 - s} = 1 - W(s) \tag{2.18}$$

となる．$W_k > 0$ かつ式 (2.11) より，$\sum_{k=0}^{\infty} W_k = \sum_{k=1}^{\infty} k p_k < 1$ がいえるので，$s \in (0,1)$ において $0 < W(s) < 1$ である．よって，新しい関数 $U(s)$ と $V(s)$ を

$$U(s) = \frac{1}{1 - W(s)} = \sum_{k=0}^{\infty} W(s)^k := \sum_{k=0}^{\infty} u_k s^k, \tag{2.19}$$

$$V(s) = \frac{U(s)}{1 - s} := \sum_{k=0}^{\infty} v_k s^k \tag{2.20}$$

と定義することができる．べき級数展開をすると関係式

$$v_k = \sum_{j=0}^{k} u_j \tag{2.21}$$

が成り立つことがわかるので，$X(s)$ は結局

$$X(s) = \frac{p_0 x_1 s}{(1 - s)(1 - W(s))} = p_0 x_1 s V(s)$$

となる．ここで，一つ目の等号は式 (2.16) と式 (2.18) より導かれ，二つ目の等号は $U(s)$ と $V(s)$ の定義式 (2.19) と式 (2.20) から成り立つ．ここで，$V(s)$ をべき級数展開すると，その係数は式 (2.20) より，$U(1)$ に収束する増加列 v_k である．$X(s)$ の係数が有界，すなわち方程式 (2.13) が有界な解をもつかどうかは $U(1) < \infty$ かどうかと同じ意味である．ところがこの条件は $U(s)$ の定義式 (2.19) より，不等式 $W(1) < 1$ が成り立つかどうかを調べるのと同じ意味である（W_k はそもそも正の値しかとらないことにも注意）．これは

$$\sum_{k=0}^{\infty} W_k = \sum_{k=0}^{\infty} k p_k = E[Z_i] < 1$$

と同値である．したがって，$E[Z_i] < 1$ のときはマルコフ連鎖 X は一時的となる．したがって，破産確率は 1 に等しくはならない．

ところで，$E[Z_n] > 1$ のときはマルコフ連鎖 $X.$ が正再帰的であることを示せることが知られている．これを示すには定理 2.5 より定常分布の存在を証明すればよい．これについても魚返 (1968) に簡単な証明が載っているのでそれを参考にしてほしい．このことから $E[Z_n] > 1$ のときは正再帰的，$E[Z_n] < 1$ のときは一時的であることがわかる．また，$E[Z_n] = 1$ のときは零再帰的となる．よって，リスク過程が自明でない（すなわち，破産確率が 1 ではない）モデルを考えるための条件は，$E[Z_n] < 1$ である．よってこの後は $E[Z_n] < 1$ の場合についてのみ考察を行う．

ここからは保険会社の破産確率を上から評価することを考える．定数 R を方程式

$$E\left[e^{r(Z_n-1)}\right] = 1 \tag{2.22}$$

を満たす正の定数であるものとする．このような定数のことを調整係数と呼ぶ．

$$g(r) = E\left[e^{r(Z_n-1)}\right] - 1$$

とおくと，$g(0) = 0$ であることがわかる．また，

$$g(r) = \sum_{k=0}^{\infty} e^{r(k-1)} p_k > \sum_{k=2}^{\infty} e^{r(k-1)} p_k > e^r P[Z_n \geq 2] \to \infty \quad (r \to \infty)$$

より $\lim_{r\to\infty} g(r) = \infty$ もいえる．さらに 1 階および 2 階微分を計算すると

$$g'(r) = E\left[(Z_n-1)e^{r(Z_n-1)}\right], \qquad g''(r) = E\left[(Z_n-1)^2 e^{r(Z_n-1)}\right] > 0$$

がいえるので，仮定 $E[Z_n] < 1$ より $g'(0) = E[Z_n] - 1 < 0$ となることもわかる．すなわち，関数 $g(r)$ は $r = 0$ において $g(0) = 0$ から減少していく．その一方で，$g(\infty) = \infty$ なので，あるところから関数 $g(\cdot)$ は増大に転じ，無限大に発散する．また，2 階導関数は正なので 1 階微分は増大していくため，一度関数が増大に転じると二度と減少することはない．よって，$g(r) = 0$ という方程式で正の解はただ一つしか存在しないことがわかる．これを調整係数 R とおいた．時刻 0 において初期値 u を出発したリスク過程が時刻 n までに破産を起こす確率を $\psi_n(u)$ と書くことにする．まず，$\psi_1(u)$ は

$$\begin{aligned}
\psi_1(u) &= \sum_{k=u+1}^{\infty} p_k \\
&\leq \sum_{k=u+1}^{\infty} e^{-R(u+1-k)} p_k \\
&\leq e^{-Ru} \sum_{k=0}^{\infty} e^{R(k-1)} p_k \\
&= e^{-Ru} E\left[e^{R(Z_n-1)}\right] = e^{-Ru}
\end{aligned}$$

と上から評価できる．ただし，一番最後の等式では定数 R が方程式 (2.22) の解であることを用いている．次に，

$$\psi_n(u) \leq e^{-Ru} \tag{2.23}$$

であると仮定する．時刻 0 に初期値 u を出発した保険会社が，時刻 $n+1$ までに破産を起こす確率を計算してみよう．保険会社が時刻 $n+1$ までに破産するには次の 2 通りの可能性がある．

(1) 時刻 1 にいきなり破産する．この確率は $\psi_1(u)$ と等しい．
(2) 時刻 1 では破産せずに残りの n 期の間に破産する．

まず，時刻 1 で $u+1-k$ に動いたものとする．その確率は p_k である．そして，時刻 1 では破産していないので $u+1-k > 0$ すなわち $0 \leq k \leq u$ である．このとき，次の n 期の間に破産しない確率は $\psi_n(u+1-k)$ である．これらを総合すると

$$\begin{aligned}
\psi_{n+1}(u) &= \psi_1(u) + \sum_{k=0}^{u} p_k \psi_n(u+1-k) \\
&\leq \sum_{k=u+1}^{\infty} p_k + \sum_{k=0}^{u} p_k e^{-R(u+1-k)} \\
&\leq \sum_{k=0}^{\infty} p_k e^{-R(u+1-k)} \\
&= e^{-Ru} \sum_{k=0}^{\infty} p_k e^{-R(1-k)}
\end{aligned}$$

$$= e^{-Ru} E\left[e^{-R(1-Z_n)}\right] = e^{-Ru}$$

となる．ただし 2 行目の不等号では，仮定 (2.23) を用いている．また，最後の等式では定数 R が方程式 (2.22) の解であることを用いている．このことから，数学的帰納法により，任意の n について

$$\psi_n(u) \leq e^{-Ru} \tag{2.24}$$

が成り立つことが証明された．よって，

$$\psi(u) = \lim_{n\to\infty} \psi_n(u) \leq e^{-Ru}$$

が成り立つ．不等式 $\psi(u) \leq e^{-Ru}$ をリンドベリの不等式と呼ぶ．

2.3.2 生存確率の計算

続いて，人の生死や入院状態にあるかないかなどが，マルコフ連鎖に従って変化するモデルを作ることを考える．つまり，例として，状態 $n = 0, 1$ をもつマルコフ連鎖を考え，状態 0 が死亡状態であり，状態 1 が生存状態であるものとすれば，たとえば現在 30 歳の男性が 35 年後に生存している確率を考えることができる．また，状態 $n = 0, 1, 2$ をもつマルコフ連鎖を考え，状態 0 が死亡状態，状態 1 が入院状態，状態 2 が健康な状態であるものとし，30 歳の女性が 15 年後に入院している確率を求めることもできる．このような確率を計算することで，生命保険の保険料率を計算する基礎としたいのである．定理 2.7 によると，連続時間マルコフ連鎖の推移確率は微分方程式を満たすことがわかっている．そこで，この微分方程式を解いてこれらの確率を計算する方法を考えよう．いま簡単な例として，生存・死亡の 2 つの状態しかないモデルを考える．現在 s 歳の人を考える．この人が $t - s$ 年後，すなわち $t(> s)$ 歳のときの状態を確率的に考えたい．生存状態を状態 1 に，死亡状態を状態 0 に割り振っているので，$p_{00}(s, t)$ は s 歳で死んでいる人が t 歳で死んでいる確率，$p_{01}(s, t)$ は s 歳で死んでいる人が t 歳で生き返っている（！）確率，$p_{10}(s, t)$ は s 歳で生きている人が t 歳で死んでいる確率，$p_{11}(s, t)$ は s 歳で生きている人が t 歳でも生きている確率を表す．ところで $p_{00}(s, t) = 1$ および $p_{01}(s, t) = 0$ である．また，

$$p_{10}(s,t) + p_{11}(s,t) = 1$$

が成り立つことから，$p_{10}(s,t)$ または $p_{11}(s,t)$ のうち一方が求まればすべての確率が求まることがわかる．系 2.2 より

$$\frac{d}{dt}p_{11}(s,t) = -p_{11}(s,t)\mu_1(t) + p_{10}(s,t)\mu_{01}(t)$$

となる．$\mu_{01}(t)$ は定義 2.4 より

$$\mu_{01}(t) = \lim_{\Delta t \to 0} \frac{p_{01}(t, t+\Delta t)}{\Delta t}$$

であるが，$p_{01}(t, t+\Delta t)$ とは時刻 t で死んでいる人が $t+\Delta t$ で生き返る確率なので $\mu_{01} = 0$ である．よって，

$$\frac{d}{dt}p_{11}(s,t) = -\mu_1(t)p_{11}(s,t) \tag{2.25}$$

となることがわかる．$\mu_1(t)$ は推定したり，何かパラメトリックなモデルを仮定して与えられるものとする（もっとも，パラメトリックなモデルを準備してもそのパラメータは推定しないといけない．今回は，そのあたりには目をつむり天下り的に $\mu_1(t)$ が与えられているものと仮定する）．よって，条件 $p_{11}(s,s) = 1$ という初期条件の下で方程式 (2.25) が計算できれば，$p_{11}(s,u)$ を求めることができる．この方程式は簡単に解くことができて，解は

$$p_{11}(s,u) = \exp\left(-\int_s^u \mu_1(t)dt\right)$$

となる．

次に，さらに複雑な状況として，健康な状態，入院状態，死亡の 3 通りの状態をもつモデルを考えてみよう．状態 0 が死亡状態であり，状態 1 が入院状態，状態 2 が健康な状態と割り振ると，s 歳で健康な状態な人が，t 歳で健康，入院，死亡の各状態にある確率は，それぞれ

$$p_{22}(s,t), \qquad p_{21}(s,t), \qquad p_{20}(s,t)$$

と書け，s 歳で入院状態な人が t 歳で健康，入院，死亡の各状態にある確率は

$$p_{12}(s,t), \quad p_{11}(s,t), \quad p_{10}(s,t)$$

と書ける．死亡状態にある場合はもちろん

$$p_{02}(s,t) = 0, \quad p_{01}(s,t) = 0, \quad p_{00}(s,t) = 1$$

である．また，たとえば，$p_{22}(s,t)$ は微分方程式

$$\frac{d}{dt}p_{22}(s,t) = -p_{22}(s,t)\mu_2(t) + p_{21}(s,t)\mu_{12}(t) + p_{20}(s,t)\mu_{02}(t)$$

となるが，2 状態のときと同様の議論から $\mu_{02}(t) = 0$ であるので

$$\frac{d}{dt}p_{22}(s,t) = -p_{22}(s,t)\mu_2(t) + p_{21}(s,t)\mu_{12}(t) \tag{2.26}$$

となることがわかる．同様に

$$\frac{d}{dt}p_{21}(s,t) = p_{22}(s,t)\mu_{21}(t) - p_{21}(s,t)\mu_1(t), \tag{2.27}$$

$$\frac{d}{dt}p_{20}(s,t) = p_{22}(s,t)\mu_{20}(t) + p_{21}(s,t)\mu_{10}(t), \tag{2.28}$$

$$\frac{d}{dt}p_{12}(s,t) = -p_{12}(s,t)\mu_2(t) + p_{11}(s,t)\mu_{12}(t), \tag{2.29}$$

$$\frac{d}{dt}p_{11}(s,t) = p_{12}(s,t)\mu_{21}(t) - p_{11}(s,t)\mu_1(t), \tag{2.30}$$

$$\frac{d}{dt}p_{10}(s,t) = p_{12}(s,t)\mu_{20}(t) + p_{11}(s,t)\mu_{10}(t) \tag{2.31}$$

となる．このように，式 (2.26) から式 (2.31) まで計 6 個の連立常微分方程式の解を求めれば，確率の計算ができることがわかる．この方程式の解析的に閉じた形の解を探そうとするのは難しい問題である[8]．そこで，連立微分方程式を数値的に計算する方法を考えたい．

まず簡単のために 1 次元の微分方程式に対する数値解法を考えたい．以下の説明は河村・桑名 (2014) などを参考にしている．関数 $y(t)$ は次のような微分

---

[8] もちろん各 $\mu_{ij}(t)$ が定数ならば，行列の指数関数を考えたり射影行列の性質を使ったりして閉じた解を計算することはできる．詳しくは柳田・栄 (2002) などを見よ．ただこの方法だと計算が面倒なので，このような簡単な場合ですら初めから数値計算するほうがよさそうに感じる．ちなみに，一般の場合に無理に解析解を計算しようとすると $n(=1,2,3,\ldots)$ 重積分の無限和になるので，手っ取り早く計算するには辛そうである．詳細は高橋 (1988) を見よ．

方程式

$$\frac{dy}{dt} = f(t,y), \tag{2.32}$$
$$y(0) = c \tag{2.33}$$

を満たすものとする．一番簡単に思いつきそうな計算方法は $\frac{dy}{dt}$ を前進差分

$$\frac{dy}{dt} \approx \frac{y(t+\Delta t) - y(t)}{\Delta t} \tag{2.34}$$

を用いて近似することである．そこで，式 (2.32) を式 (2.34) に代入すると

$$y(t+\Delta t) = y(t) + f(t, y(t))\Delta t$$

がいえる．この式を使えば，初期条件 (2.33) から順々に Δt 刻みで $y(t)$ の近似値を計算していくことができる．初期条件 $y(0) = c$ から始めて漸化式により $0, \Delta t, 2\Delta t, \ldots$ における $y(t)$ の近似値を計算することができる[9]．このような計算法をオイラー法という．一方で，オイラー法よりもさらに近似精度を高めるために多くの数値計算法が提案されてきた．その中の多くの方法は高次のテイラー展開を用いて近似精度を上げる方法であった．たとえば，$y(t+\Delta t)$ にテイラー展開を用いると

$$\begin{aligned}
y(t+\Delta t) &= y(t) + \Delta t y'(t) + \frac{\Delta t^2}{2} y''(t) + \cdots \\
&= y(t) + \Delta t f(t, y(t)) + \frac{\Delta t^2}{2} \{f_t(t, y(t)) + f_y(t, y(t)) y'(t)\} + \cdots \\
&= y(t) + \Delta t f(t, y(t)) + \Delta t \frac{\Delta t}{2} \{f_t(t, y(t)) + f_y(t, y(t)) f(t, y(t))\} + \cdots
\end{aligned} \tag{2.35}$$

と計算できる．この式自体は Δt^2 のオーダーまでテイラー展開の計算をしたものであるが，この式を見ればオイラー法は Δt のオーダーまでを使って近似した計算法であることもわかる．もし Δt^2 のオーダーを情報として取り込めれ

---

[9] 刻みは $t_i = i\Delta t$ に入れていることとなる．刻みが等間隔でないといけない理由はないが，とりあえず説明の簡略化のため等間隔としておく．

ば，数値計算の近似精度が上がることが期待できる．ところが，関数 f の微分 $f_t(t,y)$ と $f_y(t,y)$ を計算するのは大変な場合もありそうである．そこで，まず，$f(t+\frac{\Delta t}{2}, y+\frac{\Delta t}{2}f(t,y))$ をテイラー展開すると

$$f\left(t+\frac{\Delta t}{2}, y+\frac{\Delta t}{2}f(t,y)\right) = f(t,y) + \frac{\Delta t}{2}f_t(t,y) + \frac{\Delta t}{2}f_y(t,y)f(t,y) + \cdots$$

となるので，$\frac{\Delta t}{2}\{f_t(t,y(t))+f_y(t,y(t))f(t,y(t))\}$ は，ほぼ $f(t+\frac{\Delta t}{2}, y+\frac{\Delta t}{2}f(t,y)) - f(t,y)$ と等しいことがわかる．これを (2.35) に代入すると

$$y(t+\Delta t) \approx y(t) + \Delta t f\left\{t+\frac{\Delta t}{2}, y(t)+\frac{\Delta t}{2}f(t,y(t))\right\}$$

と等しい．この計算法を用いると，オイラー法を用いた場合と比べて微分方程式の数値解の近似精度がよくなることが期待できる．このような方法を修正オイラー法という．

ところで，2次のテイラー展開を行うと近似精度が上がるなら，もっと高次までテイラー展開をして計算すれば微分方程式の数値計算精度が上がるのではないかと期待ができる気がしないであろうか．そこで4階のテイラー展開の結果を利用することで得られる数値計算法であるルンゲ・クッタ法を紹介しておこう．まず変数 $s_1, \ldots, s_4$ を

$$\begin{aligned}
s_1 &= f(t,y), \\
s_2 &= f(t+\alpha_1\Delta t, y+s_1\beta_1\Delta t), \\
s_3 &= f(t+\alpha_2\Delta t, y+s_2\beta_2\Delta t+s_2\gamma_2\Delta t), \\
s_4 &= f(t+\alpha_3\Delta t, y+s_3\beta_3\Delta t+s_3\gamma_3\Delta t+s_3\delta_3\Delta t)
\end{aligned}$$

とおき，$y(t+\Delta t)$ を $y(t)$ と s_1, s_2, s_3, s_4 の線形結合

$$y(t) + \Delta t(c_1 s_1 + c_2 s_2 + c_3 s_3 + c_4 s_4) \tag{2.36}$$

で近似することを考える．ここで，未知変数は $\alpha_1, \alpha_2, \alpha_3, \beta_1, \beta_2, \beta_3, \gamma_2, \gamma_3, \delta_3, c_1, c_2, c_3, c_4$ の計13個である．$y(t+\Delta t)$ を4次までテイラー展開し得た式と式 (2.36) 右辺が一致するように方程式を立てることとなる．この13個の未知数の満たす

方程式が得られる．方程式をすべて求めても方程式は13個にはならないので解には不定性が出てくる．そこで，比較的簡単な数になる解を選べば，ルンゲ・クッタのアルゴリズム

$$\begin{aligned}
s_1 &= f(t, y), \\
s_2 &= f\left(t + \frac{\Delta t}{2}, y + s_1 \frac{\Delta t}{2}\right), \\
s_3 &= f\left(t + \frac{\Delta t}{2}, y + s_2 \frac{\Delta t}{2}\right), \\
s_4 &= f(t + \Delta t, y + s_3 \Delta t), \\
y(t + \Delta t) &= y(t) + \frac{\Delta t}{6}(s_1 + 2s_2 + 2s_3 + s_4)
\end{aligned}$$

を得ることができる．このようなアルゴリズムは4次のテイラー展開の結果を考慮に入れた近似なので，オイラー法より精度を高く計算することができる．また，連立微分方程式を解くには以下のようなアルゴリズムを用いればよいことが知られている．いま，常微分方程式

$$\frac{dy}{dt} = f(t, y(t), z(t)), \qquad \frac{dz}{dt} = g(t, y(t), z(t))$$

を考える．すると以下のようなアルゴリズムを組むことで$y(t)$と$z(t)$を数値的に求めることができる．すなわち

$$\begin{aligned}
s_1 &= f(t, y, z), \\
t_1 &= g(t, y, z), \\
s_2 &= f\left(t + \frac{\Delta t}{2}, y + s_1 \frac{\Delta t}{2}, z + t_1 \frac{\Delta t}{2}\right), \\
t_2 &= g\left(t + \frac{\Delta t}{2}, y + s_1 \frac{\Delta t}{2}, z + t_1 \frac{\Delta t}{2}\right), \\
s_3 &= f\left(t + \frac{\Delta t}{2}, y + s_2 \frac{\Delta t}{2}, z + t_2 \frac{\Delta t}{2}\right), \\
t_3 &= g\left(t + \frac{\Delta t}{2}, y + s_2 \frac{\Delta t}{2}, z + t_2 \frac{\Delta t}{2}\right), \\
s_4 &= f(t + \Delta t, y + s_3 \Delta t, z + t_3 \Delta t), \\
t_4 &= g(t + \Delta t, y + s_3 \Delta t, z + t_3 \Delta t),
\end{aligned}$$

$$y(t+\Delta t) = y(t) + \frac{\Delta t}{6}(s_1 + 2s_2 + 2s_3 + s_4),$$
$$z(t+\Delta t) = z(t) + \frac{\Delta t}{6}(t_1 + 2t_2 + 2t_3 + t_4),$$

と前から順々に計算していけばよい．2次元以上の計算でも同様に計算すればよい．これを用いると式 (2.26) から式 (2.31) のような連立常微分方程式を数値的に解くことが可能である．さらに，高階の微分方程式

$$\frac{d^m y}{dt^m} = f\left(t, y(t), \frac{dy}{dt}, \ldots, \frac{d^{m-1}y}{dt^{m-1}}\right) \tag{2.37}$$

を解くときにもルンゲ・クッタ法を利用できる．たとえば，常微分方程式

$$\frac{d^2 y}{dt^2} = \frac{dy}{dt} + e^t, \qquad y(0) = 2, \qquad \frac{dy}{dt}(0) = 1$$

は高次方程式 (2.37) の一例となっており，$f(t, y_1, y_2) = y_2 + e^t$ とおけば

$$\frac{d^2 y}{dt^2} = f\left(t, y(t), \frac{dy}{dt}\right)$$

と書ける．このような方程式を解くには

$$z_1(t) = y(t), z_2(t) = \frac{dy}{dt}(t), \ldots, z_m(t) = \frac{d^{m-1}y}{dt^{m-1}}(t)$$

とおくことで，高階の微分方程式を連立微分方程式

$$\begin{aligned}\frac{dz_1}{dt} &= z_2, \\ \frac{dz_2}{dt} &= z_3, \\ \cdots &\quad \cdots, \\ \frac{dz_m}{dt} &= f(t, z_1(t), z_2(t), \ldots, z_m(t))\end{aligned}$$

に変換すればよい．すると初期条件

$$y(0) = b_1, \frac{dy}{dt}(0) = b_2, \ldots, \frac{d^{m-1}y}{dt^{m-1}}(0) = b_{m-1}$$

を与えることで，順々に $y(t)$ の値を計算していくことが可能である．

例 2.4 5 章で議論されているように，生命保険数学では x 歳の人が t 年生存する確率を ${}_tp_x$ と表す．${}_tp_x$ は，5 章で解説するハザード・レートを用いると式 (5.4) のとおり

$$_tp_x = e^{-\int_0^t \mu_{x+s}ds}$$

と書くことができる．すなわち常微分方程式

$$\frac{d}{dt}{}_tp_x = -\mu_{x+t} \times {}_tp_x$$

を満たす．ここではハザード・レートに式 (5.5) で与えられる GOMA モデル

$$\mu_x = \lambda + \frac{1}{b}e^{\frac{x-m}{b}}$$

を仮定する．たとえば，パラメータとして $\lambda = 0, m = 86.34, b = 9.5$ を用いると，以下のように時刻 0 に生まれた子供の生存確率を計算するための Excel VBA を用いたプログラム・コードを書くことができる．このプログラム・コードでは，アルゴリズムの優秀さを見るためにかなり大きい刻み幅 $dt = 1$ を用いた[10]．しかしながら数値計算結果を見ると，刻み幅がかなり大きくとられているにもかかわらず，ルンゲ・クッタ法で計算した結果と解析解を用いた計算結果がぴったりと重なっており，高精度な計算ができていることがわかる（図 2.1）．□

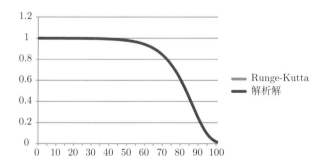

図 **2.1** 生存確率の計算結果

---

[10] 実際に使う場合は小さくとるべきである．細かな刻み幅で計算するにはプログラム中の dt の大きさを変えてやればよい．

サンプル・コード

```
Sub ODE()

Dim t As Double    '時間
Dim p As Double    'p は生存確率 tPx
Dim dt As Double   '時間の刻み幅
Dim k1 As Double, k2 As Double, k3 As Double, k4 As Double
Dim i As Integer

dt = 1#
t = 0    '現在時刻
p = 1    '時刻 0 での生存確率
y = 100  '最終年齢
n = Int(100 / dt)
Range("a" & 1) = "年齢"
Range("b" & 1) = "生存確率"
For i = 1 To n + 1
Range("a" & i + 1) = t
Range("b" & i + 1) = p
k1 = f(t, p)
k2 = f(t + dt / 2, p + dt * k1 / 2)
k3 = f(t + dt / 2, p + dt * k2 / 2)
k4 = f(t + dt, p + dt * k3)
t = t + dt
p = p + dt * (k1 + 2 * k2 + 2 * k3 + k4) / 6
Next i

End Sub

Function f(t As Double, p As Double) As Double

f = -p * Exp((t - 86.34) / 9.5) / 9.5    'GOMA モデル λ=0 m=86.34 b=9.5

End Function
```

3

ランダム・ウォークと確率微分方程式

　この章では，保険や金融で用いられる確率微分方程式について考察を行いたい．近年，数理ファイナンスが注目を浴びるようになり，確率微分方程式が金融派生商品の価格分析によく用いられるようになった．本書は，応用の本であり数学の本ではないので，直感的な議論に終始するが，本書を読み終えたらぜひ，佐藤 (1994) などで測度論を勉強した上で厳密に書かれた確率解析の数学書を読んでいただきたい．この章では，確率微分方程式を直感的に理解し，ファイナンスで注目を集めているブラック・ショールズ式の導出を試みる．

3.1　ランダム・ウォーク

　確率微分方程式の話を始める前に，ランダム・ウォークについて議論をしておきたい．のちに，ブラウン運動や確率微分方程式など連続時間の確率過程について学ぶと，ランダム・ウォークで成り立つ話題が自然に連続時間モデルでも成り立っていることが多い．よって，連続時間モデルを学ぶ前にランダム・ウォークについて理解を深めておくと，自然に確率微分方程式などの連続時間モデルの理解が深まるものと思う．

3.1.1　ランダム・ウォーク

　いま $T > 0$ をモデルの最終時刻と見て固定しておく．藤田 (2002) を参考に，N 期の離散時間モデルを構築したい．独立で同一分布に従う確率変数列

$\{\epsilon_i^{(p)}\}_{i=1,\dots,N}$ を考える．ここで，確率変数 $\epsilon_i^{(p)}$ は

$$P[\epsilon_i^{(p)} = \sqrt{\Delta t}] = p, \quad P[\epsilon_i^{(p)} = -\sqrt{\Delta t}] = q\ (= 1-p)$$

であるものとする．特に $p = \frac{1}{2}$ のときは $\epsilon_i^{(\frac{1}{2})} = \epsilon_i$ と記載することにする．本章では

$$(\epsilon_i^{(p)})^2 = \epsilon_i^2 = \Delta t$$

という関係式を多用するので，この関係を忘れずに読んでもらいたい．ここで，Δt は $T = N\Delta t$ となるように固定しておく．確率過程 $\{W_{n\Delta t}^{(p)}\}_{n=0}^N$ を

$$W_{n\Delta t}^{(p)} = \epsilon_1^{(p)} + \cdots + \epsilon_n^{(p)}, \qquad \text{ただし } W_0^{(p)} = 0$$

と定義するとき，$W_{n\Delta t}^{(p)}$ を非対称ランダム・ウォークという．特に $p = \frac{1}{2}$ のときは $W_{n\Delta t}$ と略記し

$$W_{n\Delta t} = \epsilon_1 + \cdots + \epsilon_n$$

を対称ランダム・ウォークという．ここでは対称ランダム・ウォークの性質について考察を行ってみる．まず，$W_{n\Delta t}$ の期待値を計算してみると

$$E[W_{n\Delta t}] = E[\epsilon_1 + \cdots + \epsilon_n] = E[\epsilon_1] + \cdots + E[\epsilon_n] = 0$$

である．また，分散は $\epsilon_1,\dots,\epsilon_n$ の独立性より

$$V[W_{n\Delta t}] = V[\epsilon_1 + \cdots + \epsilon_n] = V[\epsilon_1] + \cdots + V[\epsilon_n].$$

ところが，

$$V[\epsilon_i] = E[\epsilon_i^2] - E[\epsilon_i]^2 = \Delta t - 0 = \Delta t$$

より

$$V[W_{n\Delta t}] = n\Delta t$$

となることがわかる．同様に計算すると

$$E[\epsilon_1^{(p)}] = p\sqrt{\Delta t} + q(-\sqrt{\Delta t}) = (2p-1)\sqrt{\Delta t}$$

などより
$$E[W_{n\Delta t}^{(p)}] = n(2p-1)\sqrt{\Delta t}$$
であることなどもわかる．また，$P[W_{n\Delta t} = k\sqrt{\Delta t}]$ を計算してみよう．

(1) まず $|k| > n$ であったり k が整数でない場合

この場合 $W_{n\Delta t} = k\sqrt{\Delta t}$ という事象は起こり得ないので $P[W_{n\Delta t} = k\sqrt{\Delta t}] = 0$ である．

次に，k が $|k| \leq n$ を満たす整数の場合を考えてみよう．n が偶数のときは $W_{n\Delta t} = k\sqrt{\Delta t}$ とすると k は必ず偶数であり，n が奇数のときは k は必ず奇数であることに注意をしよう．

(2) $n+k = $（奇数）とする

$P[W_{n\Delta t} = k\sqrt{\Delta t}] = 0$ が成り立つ．

(3) $n+k = $（偶数）とする

$W_{n\Delta t} = k\sqrt{\Delta t}$ とする．時刻 $n\Delta t$ までに l 回上に上がり（すなわち $\epsilon_i = \sqrt{\Delta t}$ となった ϵ_i が l 個）で残りの m 回下に動いたものとする．時刻 $n\Delta t$ までの話なので，$l+m = n$ が成り立つ．また，上に l 歩動き，下に m 歩動けば最終的には $(l-m)\sqrt{\Delta t}$ にいるはずである．よって $l-m = k$ が成り立つ．二つの式を連立方程式と見ると
$$l = \frac{1}{2}(n+k), \qquad m = \frac{1}{2}(n-k)$$
が成り立つ．上に $l = \frac{1}{2}(n+k)$ 回，下に $m = \frac{1}{2}(n-k)$ 回動く経路はすべてで $_nC_{\frac{n+k}{2}}$ 通りなので，
$$P[W_{n\Delta t} = k\sqrt{\Delta t}] = {}_nC_{\frac{n+k}{2}} \left(\frac{1}{2}\right)^n$$
となる．

確率変数 X は関数 $f(x_1, \ldots, x_n)$ を用いて
$$X = f(\epsilon_1, \ldots, \epsilon_n)$$

と書けるものとする．ただし，n は N より小さな正の整数とする．確率論では，前の k 個 $(0 \leq k \leq n)$ の ϵ については期待値をとらず，後ろの $n-k$ 個の ϵ にのみ期待値をとりたいということがしばしば起こる．このような期待値を $E[X|\epsilon_1, \ldots, \epsilon_k]$ または，$E[X|\mathcal{F}_{k\Delta t}]$ などと書くことにしよう．これは，2 章で学んだ条件付き期待値と全く同じものである．すなわち以下のように定義されるものである．

定義 3.1 確率変数 $X = f(\epsilon_1, \ldots, \epsilon_n)$ の時刻 k までのランダム・ウォークの経路 $\{W_{j\Delta t}\}_{j=1}^{k}$ による条件付き期待値 $E[X|\epsilon_1, \ldots, \epsilon_k]$ とは

$$E[X|\epsilon_1, \ldots, \epsilon_k] = E[X|\mathcal{F}_{k\Delta t}]$$
$$= \sum_{x_{k+1}, \ldots, x_n = \pm\sqrt{\Delta t}} f(\epsilon_1, \ldots, \epsilon_k, x_{k+1}, \ldots, x_n) \left(\frac{1}{2}\right)^{n-k} \quad (3.1)$$

で定義される．

式 (3.1) を見てわかるように，$\epsilon_1, \ldots, \epsilon_k$ があたかも既知であるかのように計算している．なお，条件付き期待値の二つの記法について，$E[X|\epsilon_1, \ldots, \epsilon_k]$ という表記法のほうが，条件付き期待値が $\epsilon_1, \ldots, \epsilon_k$ の値によって決まるということを明瞭に表すが，スペースの都合上後者の記法 $E[X|\mathcal{F}_{k\Delta t}]$ を用いることにする．また，ランダム・ウォークの経路 $\{W_{j\Delta t}\}_{j=1}^{k}$ と書いてあるが，これは以下のような意味である．時刻 k までのランダム・ウォークの経路 $W_{\Delta t}, \ldots, W_{k\Delta t}$ がわかれば，

$$\epsilon_1 = W_{\Delta t}, \epsilon_2 = W_{2\Delta t} - W_{\Delta t}, \ldots, \epsilon_k = W_{k\Delta t} - W_{(k-1)\Delta t}$$

より，$\epsilon_1, \ldots, \epsilon_k$ の値がいくつであるか計算することができるし，逆に $\epsilon_1, \ldots, \epsilon_k$ の値がわかれば $W_{\Delta t}, \ldots, W_{k\Delta t}$ の値がわかるので $\{\epsilon_1, \ldots, \epsilon_k\}$ と $\{W_{\Delta t}, \ldots, W_{k\Delta t}\}$ では情報量が同じである．その意味では式 (3.1) は

$$E[X|\mathcal{F}_{k\Delta t}] = E[X|W_{\Delta t}, \ldots, W_{k\Delta t}]$$

であると考えてもよい．この場合は，時刻 $k\Delta t$ までのランダム・ウォークの経路を既知として，期待値をとることに対応している．非対称な確率変数 $\epsilon^{(p)}$ を用いた場合の条件付き期待値についても触れておく．確率変数 Y を

$$Y = f(\epsilon_1^{(p)}, \ldots, \epsilon_n^{(p)})$$

とおくと，Y の条件付き期待値は

$E[Y|\mathcal{F}_{k\Delta t}]$

$$= \sum_{x_{k+1},\ldots,x_n = \pm\sqrt{\Delta t}} f(\epsilon_1^{(p)}, \ldots, \epsilon_k^{(p)}, x_{k+1}, \ldots, x_n)(pq)^{\frac{n-k}{2}} \left(\frac{p}{q}\right)^{\frac{x_{k+1}}{2\sqrt{\Delta t}}} \cdots \left(\frac{p}{q}\right)^{\frac{x_n}{2\sqrt{\Delta t}}}$$

で定義される．

3.1.2 マルチンゲール

$I = E\bigl[E[X|\mathcal{F}_{k\Delta t}]|\mathcal{F}_{m\Delta t}\bigr]$ $(0 \leq m < k \leq n)$ という形の条件付き期待値について考えてみる．

定理 3.1 $0 \leq m < k \leq n$ となる整数 m をとろう．確率変数 $X = X(\epsilon_1, \ldots, \epsilon_n)$ の条件付き期待値について以下の性質が成り立つ．

$$E\bigl[E[X|\mathcal{F}_{k\Delta t}]|\mathcal{F}_{m\Delta t}\bigr] = E[X|\mathcal{F}_{m\Delta t}] \qquad (0 \leq m < k \leq n) \tag{3.2}$$

これを塔の性質またはタワー・プロパティなどと呼ぶ．

証明 条件付き期待値の中に条件付き期待値が入れ子になった式，$I = E\bigl[E[X|\mathcal{F}_{k\Delta t}]|\mathcal{F}_{m\Delta t}\bigr]$ は次のように計算される．条件付き期待値の定義より，

$$I = E\left[\sum_{x_{k+1},\ldots,x_n = \pm\sqrt{\Delta t}} f(\epsilon_1, \ldots, \epsilon_k, x_{k+1}, \ldots, x_n)\left(\frac{1}{2}\right)^{n-k} \Big| \mathcal{F}_{m\Delta t}\right]$$

となるが，この条件付き期待値の内側の式は $\epsilon_1, \ldots, \epsilon_k$ によって値の決まる確率変数であることに注意すれば，もう一度条件付き期待値の定義を用いて

$$I = \sum_{x_{m+1},\ldots,x_k=\pm\sqrt{\Delta t}} \left\{ \sum_{x_{k+1},\ldots,x_n=\pm\sqrt{\Delta t}} f(\epsilon_1,\ldots,\epsilon_m, x_{m+1},\cdots,x_k, x_{k+1},\ldots,x_n) \right.$$
$$\left. \times \left(\frac{1}{2}\right)^{n-k} \right\} \left(\frac{1}{2}\right)^{k-m}$$
$$= \sum_{x_{m+1},\ldots,x_n=\pm\sqrt{\Delta t}} f(\epsilon_1,\ldots,\epsilon_m, x_{m+1},\cdots,x_n) \left(\frac{1}{2}\right)^{n-m} = E[X|\mathcal{F}_{m\Delta t}]$$

であることが示される．よって，定理が示された． □

ここで，順番付けられた確率変数の族 X_n が確率変数 $X = f(\epsilon_1,\ldots,\epsilon_N)$ を用いて

$$X_n = E[X|\mathcal{F}_{n\Delta t}]$$

と書けていたとする．すると定理 3.1 のタワー・プロパティ (3.2) より

$$E[X_k|\mathcal{F}_{m\Delta t}] = X_m \tag{3.3}$$

が成り立つ．この性質を一般化してマルチンゲールと呼ばれる確率過程のクラスを定義したい．

定義 3.2 確率過程 M_n について関数 $f_n(x_1,\ldots,x_N)$ を用いて

$$M_n = f_n(\epsilon_1,\ldots,\epsilon_N) \qquad (n=0,1,\ldots,N)$$

が性質

$$E[M_{k+1}|\mathcal{F}_{k\Delta t}] = M_k$$

を満たすとき，確率過程 M_n はマルチンゲールであるという[1]．

確率過程 M_n がマルチンゲールならば，$0 \leq m < k \leq n$ を満たす整数 m と k について

---

[1] 一般的には M_n がマルチンゲールとなるには，もう一つの条件 $E[|M_n|] < \infty \; (n=1,2,\ldots)$ が必要であるが，今回の設定では M_n は有限通り（高々 2^N 通り）の値しかとらないので，関数 $|f_n|$ が無限大をとらない限り自動的にこの条件を満たす．

$$E[M_k|\mathcal{F}_{m\Delta t}] = E\big[E[M_k|\mathcal{F}_{(k-1)\Delta t}]|\mathcal{F}_{m\Delta t}\big] = E[M_{k-1}|\mathcal{F}_{m\Delta t}]$$
$$= \cdots = E[M_m|\mathcal{F}_{m\Delta t}]$$
$$= M_m$$

より，確率過程 M_n も式 (3.3) と同様の性質を満たす．

例 3.1 確率過程 $\{W_{n\Delta t}\}_{n=1}^{N}$ はマルチンゲールである．なぜならば正の整数 k について

$$E[W_{(k+1)\Delta t}|\mathcal{F}_{k\Delta t}] = \sum_{x_{k+1}=\pm\sqrt{\Delta t}} (\epsilon_1 + \cdots + \epsilon_k + x_{k+1})\left(\frac{1}{2}\right)$$
$$= \epsilon_1 + \cdots + \epsilon_k = W_{k\Delta t}.$$

また，もう少し面倒な計算をすると，同様の方法で $\{W_{n\Delta t}^2 - n\Delta t\}_{n=0}^{N}$ もマルチンゲールなことを示せる．

$$E[W_{(k+1)\Delta t}^2 - (k+1)\Delta t|\mathcal{F}_{k\Delta t}] = E[(W_{k\Delta t} + \epsilon_{k+1})^2 - (k+1)\Delta t|\mathcal{F}_{k\Delta t}]$$
$$= E[W_{k\Delta t}^2 + 2W_{k\Delta t}\epsilon_{k+1} - k\Delta t|\mathcal{F}_{k\Delta t}]$$
$$= W_{k\Delta t}^2 + 2W_{k\Delta t}E[\epsilon_{k+1}|\mathcal{F}_{k\Delta t}] - k\Delta t$$
$$= W_{k\Delta t}^2 - k\Delta t$$

と計算しても確認ができる． □

3.1.3 離散伊藤公式

ここで，対称なランダム・ウォークに対する離散伊藤公式を紹介する．離散伊藤公式は非対称な場合も含めて藤田 (2002) で詳細に説明が行われているのでそちらも参考にしてほしい．

定理 3.2 対称ランダム・ウォーク $\{W_{n\Delta t}\}_{n=0}^{N}$ について以下の式が成り立つ．

$$f(W_{(k+1)\Delta t}) - f(W_{k\Delta t}) = \frac{f(W_{k\Delta t} + \sqrt{\Delta t}) - f(W_{k\Delta t} - \sqrt{\Delta t})}{2\sqrt{\Delta t}}\epsilon_{k+1}$$
$$+ \frac{f(W_{k\Delta t} + \sqrt{\Delta t}) - 2f(W_{k\Delta t}) + f(W_{k\Delta t} - \sqrt{\Delta t})}{2\Delta t}\Delta t$$

証明 $\epsilon_{k+1} = \sqrt{\Delta t}$ の場合の証明をする.$W_{(k+1)\Delta t} = W_{k\Delta t} + \sqrt{\Delta t}$ に注意して右辺を変形すると

$$\begin{aligned}(\text{右辺}) &= \frac{f(W_{(k+1)\Delta t}) - f(W_{k\Delta t} - \sqrt{\Delta t})}{2\sqrt{\Delta t}}\sqrt{\Delta t} \\ &\quad + \frac{f(W_{(k+1)\Delta t}) - 2f(W_{k\Delta t}) + f(W_{k\Delta t} - \sqrt{\Delta t})}{2\Delta t}\Delta t \\ &= f(W_{(k+1)\Delta t}) - f(W_{k\Delta t})\end{aligned}$$

となる.また,$\epsilon_{k+1} = -\sqrt{\Delta t}$ の場合もほぼ同様に考えて,

$$\begin{aligned}(\text{右辺}) &= \frac{f(W_{k\Delta t} + \sqrt{\Delta t}) - f(W_{(k+1)\Delta t})}{2\sqrt{\Delta t}}(-\sqrt{\Delta t}) \\ &\quad + \frac{f(W_{k\Delta t} + \sqrt{\Delta t}) - 2f(W_{k\Delta t}) + f(W_{(k+1)\Delta t})}{2\Delta t}\Delta t \\ &= f(W_{(k+1)\Delta t}) - f(W_{k\Delta t})\end{aligned}$$

□

定理 3.2 を離散伊藤公式という.さらに次のような形の離散伊藤公式もある.

定理 3.3 対称ランダム・ウォーク $\{W_{n\Delta t}\}_{n=0}^{N}$ について以下の式が成り立つ.

$$\begin{aligned}&f(W_{(k+1)\Delta t}, (k+1)\Delta t) - f(W_{k\Delta t}, k\Delta t) \\ &= \frac{f(W_{k\Delta t} + \sqrt{\Delta t}, (k+1)\Delta t) - f(W_{k\Delta t} - \sqrt{\Delta t}, (k+1)\Delta t)}{2\sqrt{\Delta t}}\epsilon_{k+1} \\ &\quad + \frac{f(W_{k\Delta t} + \sqrt{\Delta t}, (k+1)\Delta t) - 2f(W_{k\Delta t}, (k+1)\Delta t) + f(W_{k\Delta t} - \sqrt{\Delta t}, (k+1)\Delta t)}{2\Delta t}\Delta t \\ &\quad + f(W_{k\Delta t}, (k+1)\Delta t) - f(W_{k\Delta t}, k\Delta t)\end{aligned}$$

この定理の証明もほぼ定理 3.2 と同じである.

例 3.2

$$X_{n\Delta t} = W_{n\Delta t}^2$$

とする.$f(x) = x^2$ として離散伊藤公式を使うと

$$X_{(n+1)\Delta t} - X_{n\Delta t} = \frac{(W_{n\Delta t} + \sqrt{\Delta t})^2 - (W_{n\Delta t} - \sqrt{\Delta t})^2}{2\sqrt{\Delta t}}\epsilon_{n+1}$$
$$+ \frac{(W_{n\Delta t} + \sqrt{\Delta t})^2 - 2W_{n\Delta t}^2 + (W_{n\Delta t} - \sqrt{\Delta t})^2}{2\Delta t}\Delta t$$
$$= 2W_{n\Delta t}\epsilon_{n+1} + \Delta t$$

となる.よって

$$W_{n\Delta t}^2 = \sum_{k=0}^{n-1}(X_{(k+1)\Delta t} - X_{k\Delta t}) = 2\sum_{k=0}^{n-1}W_{k\Delta t}\epsilon_{k+1} + n\Delta t \tag{3.4}$$

が成り立つ.右辺の最後の項を移行して n の代わりに $n+1$ を代入すると

$$W_{(n+1)\Delta t}^2 - (n+1)\Delta t = 2\sum_{k=0}^{n}W_{k\Delta t}\epsilon_{k+1} = 2\sum_{k=0}^{n-1}W_{k\Delta t}\epsilon_{k+1} + 2W_{n\Delta t}\epsilon_{n+1}$$
$$= W_{n\Delta t}^2 - n\Delta t + 2W_{n\Delta t}\epsilon_{n+1}$$

なので

$$E[W_{(n+1)\Delta t}^2 - (n+1)\Delta t | \mathcal{F}_{n\Delta t}] = E[W_{n\Delta t}^2 - n\Delta t + 2W_{n\Delta t}\epsilon_{n+1} | \mathcal{F}_{n\Delta t}]$$
$$= W_{n\Delta t}^2 - n\Delta t + 2W_{n\Delta t}E[\epsilon_{n+1} | \mathcal{F}_{n\Delta t}]$$
$$= W_{n\Delta t}^2 - n\Delta t$$

となり,離散伊藤公式を用いても例 3.1 と同じ結果,すなわち $W_{n\Delta t}^2 - n\Delta t$ がマルチンゲールなことが示される. □

定理 3.2 より次のこともわかる. Δt は微小量なのでテイラー展開を用いると,

$$f(W_{k\Delta t} \pm \sqrt{\Delta t}) = f(W_{k\Delta t}) \pm \frac{\partial}{\partial x}f(W_{k\Delta t})\sqrt{\Delta t} + \frac{1}{2}\frac{\partial^2}{\partial x^2}f(W_{k\Delta t})\Delta t + o(\Delta t) \tag{3.5}$$

となる.これを定理 3.2 の式に代入すると

$$f(W_{(k+1)\Delta t}) - f(W_{k\Delta t}) = \frac{\partial}{\partial x}f(W_{k\Delta t})\epsilon_{k+1} + \frac{1}{2}\frac{\partial^2}{\partial x^2}f(W_{k\Delta t})\Delta t + o(\Delta t) \tag{3.6}$$

が成り立つ．ここで，$o(\Delta t)$ とは

$$\lim_{\Delta t \to 0} \frac{o(\Delta t)}{\Delta t} = 0$$

を満たす微小量である．また，定理 3.3 について同様の計算を行う．ただし，x 方向のテイラー展開 (3.5) に加えて時間方向のテイラー展開

$$f(W_{k\Delta t}, (k+1)\Delta t) = f(W_{k\Delta t}, k\Delta t) + \frac{\partial}{\partial t} f(W_{k\Delta t}, k\Delta t)\Delta t + o(\Delta t)$$

も用いる．すると，式 (3.6) を導いたのとほぼ同様の計算により，

$$f(W_{(k+1)\Delta t}, (k+1)\Delta t) - f(W_{k\Delta t}, k\Delta t)$$
$$= \frac{\partial}{\partial t} f(W_{k\Delta t}, k\Delta t)\Delta t + \frac{\partial}{\partial x} f(W_{k\Delta t}, k\Delta t)\epsilon_{k+1} + \frac{1}{2}\frac{\partial^2}{\partial x^2} f(W_{k\Delta t}, k\Delta t)\Delta t + o(\Delta t)$$

が成り立つことがわかる．

ここで，なぜ誤差項が $o(\Delta t)$ となるように計算したのかを考えてみよう．式 (3.6) を $k=0$ から $k=N-1$ まで足し合わせてみる．すると

$$f(W_{N\Delta t}) - f(W_0) = \sum_{k=0}^{N-1} \{f(W_{(k+1)\Delta t}) - f(W_{k\Delta t})\}$$
$$= \sum_{k=0}^{N-1} f'(W_{k\Delta t})\epsilon_{k+1} + \frac{1}{2}\sum_{k=0}^{N-1} f''(W_{k\Delta t})\Delta t + \sum_{k=0}^{N-1} o(\Delta t)$$

となる．ここで $\sum_{i=0}^{N-1} o(\Delta t)$ の項は，おおまかなイメージでいうと $o(\Delta t)$ が N 個あるような感じのものである．そのイメージをもとにおおらかな計算をすると，

$$N \times o(\Delta t) = \left(\frac{T}{\Delta t} o(\Delta t)\right) = T\frac{o(\Delta t)}{\Delta t} \to 0 \ (\Delta t \to 0)$$

となる．これからわかるように，$o(\Delta t)$ より低次のオーダーであればこの項は残ってしまうし，高次のオーダーなら消えてしまうのである．微小量 $o(1)$ を，$\lim_{\Delta t \to 0} o(1) = 0$ を満たす微小量とすると，上の議論より

$$\sum_{k=0}^{N-1} o(\Delta t) = o(1)$$

が成り立つ．よって

$$f(W_{N\Delta t}) = f(W_0) + \sum_{k=0}^{N-1} f'(W_{k\Delta t})\epsilon_{k+1} + \frac{1}{2}\sum_{k=0}^{N-1} f''(W_{k\Delta t})\Delta t + o(1)$$

が成り立つ．つまり $f(W_{N\Delta t})$ の誤差項のオーダーを微小量 $o(1)$ にするために，テイラー展開の計算を 2 階まで行ったのである．確率過程 $\{X_k\}_{k=0}^N$ が $X_0 = x$ および

$$X_{(n+1)\Delta t} - X_{n\Delta t} = \mu(X_{n\Delta t}, n\Delta t)\Delta t + \sigma(X_{n\Delta t}, n\Delta t)\epsilon_{n+1} \tag{3.7}$$

を満たしているものとする．すなわち，$X_0 = x$ と $\epsilon_1, \ldots, \epsilon_n$ が決まれば $X_{n\Delta t}$ は決まってしまう．もちろん $\{\epsilon_k\}_{k=1}^n$ は確率変数なので，$X_{n\Delta t}$ の値はランダムに決まる．さて，離散伊藤公式と同様に $f(X_{n\Delta t})$ を計算するとどのようになるか計算してみたい．$f(X_{(k+1)\Delta t})$ にテイラー展開を用いて計算を行うと

$$\begin{aligned}
f(X_{(k+1)\Delta t}) &= f\big(X_{k\Delta t} + \mu(X_{k\Delta t}, k\Delta t)\Delta t + \sigma(X_{k\Delta t}, k\Delta t)\epsilon_{k+1}\big) \\
&= f(X_{k\Delta t}) + \big(\mu(X_{k\Delta t}, k\Delta t)\Delta t + \sigma(X_{k\Delta t}, k\Delta t)\epsilon_{k+1}\big)\frac{d}{dx}f(X_{k\Delta t}) \\
&\quad + \big(\mu(X_{k\Delta t}, k\Delta t)\Delta t + \sigma(X_{k\Delta t}, k\Delta t)\epsilon_{k+1}\big)^2 \frac{1}{2}\frac{d^2}{dx^2}f(X_{k\Delta t}) + \cdots \\
&= f(X_{k\Delta t}) + \left\{\mu(X_{k\Delta t}, k\Delta t)\frac{d}{dx}f(X_{k\Delta t}) \right.\\
&\quad \left. + \frac{1}{2}\sigma(X_{k\Delta t}, k\Delta t)^2 \frac{d^2}{dx^2}f(X_{k\Delta t})\right\}\Delta t \\
&\quad + \sigma(X_{k\Delta t}, k\Delta t)\frac{d}{dx}f(X_{k\Delta t})\epsilon_{k+1} + o(\Delta t) \tag{3.8}
\end{aligned}$$

となる．ただし，前に行った議論と同様に考えて誤差項が $o(\Delta t)$ となるように残した．両辺 $k = 0$ から $N-1$ まで和をとると

$$\begin{aligned}
&f(X_{N\Delta t}) \\
&= f(x) + \sum_{k=0}^{N-1}\left\{\mu(X_{k\Delta t}, k\Delta t)\frac{d}{dx}f(X_{k\Delta t}) + \frac{1}{2}\sigma(X_{k\Delta t}, k\Delta t)^2 \frac{d^2}{dx^2}f(X_{k\Delta t})\right\}\Delta t \\
&\quad + \sum_{k=0}^{N-1}\sigma(X_{k\Delta t}, k\Delta t)\frac{d}{dx}f(X_{k\Delta t})\epsilon_{k+1} + o(1) \tag{3.9}
\end{aligned}$$

がいえる．また，定理 3.3 のように時間と状態両方に依存する関数 $f(x,t)$ に $X_{(k+1)\Delta t}$ を作用させると

$$\begin{aligned}
f(X_{N\Delta t}, N\Delta t) = {}& f(x, 0) + \sum_{k=0}^{N-1} \left\{ \frac{\partial}{\partial t} f(X_{k\Delta t}, k\Delta t) \right. \\
& + \mu(X_{k\Delta t}, k\Delta t) \frac{\partial}{\partial x} f(X_{k\Delta t}, k\Delta t) \\
& \left. + \frac{1}{2} \sigma(X_{k\Delta t}, k\Delta t)^2 \frac{\partial^2}{\partial x^2} f(X_{k\Delta t}, k\Delta t) \right\} \Delta t \\
& + \sum_{k=0}^{N-1} \sigma(X_{k\Delta t}, k\Delta t) \frac{\partial}{\partial x} f(X_{k\Delta t}, k\Delta t) \epsilon_{k+1} + o(1)
\end{aligned}$$

が成り立つ．

3.2 ブラウン運動と確率微分方程式

ここでは，ランダム・ウォークについて調べた結果をもとに連続時間のモデルについて議論を行う．まずはブラウン運動について議論した後に，確率微分方程式などについても順次説明をしていきたい．ブラウン運動や確率微分方程式の話題は，本来測度論を学んでから構築するべきであるが，ここでは直感的な理解を目指した説明にとどめる．似たようなアプローチをとっている本としては藤田 (2002) などがある．また，さらに進んで学びたい読者には英語で書かれたものを含めれば夥しい数の本が出版されている．ここでは，比較的早い段階でも読めそうなものとして石村 (2014)，エクセンダール (1999)，Kuo(2006)，長井 (1999)，谷口 (2016)，成田 (2016) などを薦めておく．

3.2.1 ブラウン運動

新たな変数 $\zeta_1, \ldots, \zeta_N$ を

$$\zeta_i = \frac{\epsilon_i}{\sqrt{\Delta t}}$$

で定義する．すると対称ランダム・ウォーク過程は

$$W_{N\Delta t} = \sqrt{\Delta t}(\zeta_1 + \cdots + \zeta_N) = \sqrt{T} \frac{\zeta_1 + \cdots + \zeta_N}{\sqrt{N}}$$

となるが，$\{\zeta_i\}_{i=1}^N$ は平均 0 で分散 1 の独立同一分布に従うので，中心極限定理を用いると

$$\sqrt{T}\frac{\zeta_1 + \cdots + \zeta_n}{\sqrt{N}} \to \sqrt{T}N(0,1) = N(0,T)$$

となる[2]．このことから，十分に大きな N では $W_{N\Delta t}$ の分布は正規分布に近いことが予想される．実は確率過程 $\{W_{n\Delta t}\}_{n=0}^N$ はブラウン運動に収束することが知られている．ブラウン運動とは，以下のような性質を満たす確率過程である．

定義 3.3 確率過程 $\{B_t\}_{t \in [0,T]}$ がブラウン運動であるとは次の性質を満たすことである．
- $t > s > 0$ とする．$B_t - B_s$ は平均 0 で分散 $t-s$ の正規分布に従う．
- $t > s \geq u > v > 0$ のとき $B_t - B_s$ と $B_u - B_v$ は独立．
- $\{B_t\}_{t \in [0,T]}$ は時間 t について連続．
- $B_0 = 0$ が成り立つ．

おおざっぱにいうと，$0 < t < T$ を満たす時刻 t について

$$W_{n\Delta t} = \epsilon_1 + \cdots + \epsilon_n \qquad (n = 0, 1, \ldots, N)$$

のメッシュ数 N を $N\Delta t = T$ を満たしたまま無限大にもっていった（そのとき Δt は 0 に近づいていく）ものの極限がブラウン運動であると考えてよい．このことを念頭に，ランダム・ウォークの性質から予想されるブラウン運動の性質についていくつか紹介しよう．一つ目は

$$\sum_{n=0}^{N-1} |W_{(n+1)\Delta t} - W_{(n)\Delta t}| = \sum_{n=0}^{N-1} |\epsilon_{n+1}|$$

$$= N\sqrt{\Delta t} = N\sqrt{\frac{T}{N}} \to \infty \quad (N \to \infty)$$

が成り立つ．ただし極限は $N\Delta t = T$ を固定したままとっているものとする．このことからブラウン運動でも

$$\sum_{n=0}^{N-1} |B_{(n+1)\Delta t} - B_{n\Delta t}| \to \infty \quad (N \to \infty)$$

---

[2] 分布収束の意味で収束．

が成り立つことが予想されるが，これは実際に成り立つ式である．また，同様の極限操作を行うと

$$\sum_{n=0}^{N-1}(W_{(n+1)\Delta t} - W_{n\Delta t})^2 = \sum_{n=0}^{N}\epsilon_{n+1}^2 = N\Delta t = N \times \frac{T}{N} = T$$

が成り立つことより

$$\sum_{n=0}^{N-1}(B_{(n+1)\Delta t} - B_{n\Delta t})^2 \to T \quad (N \to \infty) \tag{3.10}$$

がいえることも予想されるが，これも実際に成り立つ結果である．さらに

$$\left|\lim_{\Delta t \to 0} \frac{W_{(n+1)\Delta t} - W_{n\Delta t}}{\Delta t}\right| = \left|\lim_{\Delta t \to 0} \frac{\epsilon_{n+1}}{\Delta t}\right| = \lim_{\Delta t \to 0} \frac{1}{\sqrt{\Delta t}} = \infty$$

より，ブラウン運動の微分

$$\frac{d}{dt}B_t$$

は存在しないことが予想される．これも正しい結果である．これらの結果の数理的に正確な議論は，確率解析の本を参照してほしい．

さて，ブラウン運動に関する計算をいくつかやってみよう．まずは，B_t は平均 0, 分散 t の正規分布に従うことがわかっているので

$$E[e^{\theta B_t}] = e^{\frac{\theta^2 t}{2}}$$

が成り立つ．この計算は正規分布の積率母関数を計算することと同じなので，すでに1章で見ている．また，$0 < s < t$ とすると B_s と $B_t - B_s$ は独立なので

$$E[B_s(B_t - B_s)] = E[B_s]E[B_t - B_s] = 0$$

であることがわかる．よって，ブラウン運動の平均が 0 なことも使って，

$$E[B_s B_t] = E[B_s(B_t - B_s) + B_s^2] = E[B_s^2] = Var[B_s] = s$$

が成り立つことがわかる．このことから $cov(B_s, B_t) = s$ であることがわかる．

3.2.2 連続時間モデルにおけるマルチンゲール

ランダム・ウォークを考えた際に条件付き期待値を定義したが，ブラウン運動に対する条件付き期待値も導入しておこう．ランダム・ウォークに対する条件付き期待値は，$\epsilon_1, \ldots, \epsilon_n$ のとる値が情報として与えられたときに $F(\epsilon_1, \ldots, \epsilon_N)$ の期待値をとるというものであった．連続時間モデルでは確率変数 $\epsilon_1, \ldots, \epsilon_n$ 一つひとつは微小量となって消えてしまうので，同じように定義することは難しそうである．しかし，ランダム・ウォークの条件付き期待値は $\epsilon_1, \ldots, \epsilon_n$ のとる値が情報として与えられたと見ても，$W_{\Delta t}, \ldots, W_{n\Delta t}$ のとる値が情報として与えられたと見ても，どちらで見てもよいことはすでに説明を行っている．後者の見方はすなわち，時刻 $n\Delta t$ までのランダム・ウォークの経路が与えられたとして期待値をとっていることを意味している．連続時間モデルではこの考え方を踏襲し，時刻 0 から t までのブラウン運動の経路が情報として与えられているときの期待値を，条件付き期待値と考えることとする．

連続の場合の条件付き期待値は，以下のように考えてもよい．確率変数 X は，ブラウン運動の時刻 $[0,T]$ における（ランダムに決まる）経路によって値が決まる確率変数とする．すなわち $X = g(\{B_s\}_{0 \leq s \leq T})$ とする[3]．時刻 $[0,T]$ における経路 $\{B_s\}_{0 \leq s \leq T}$ は，時刻 $[0,t]$ における経路 $\{B_s\}_{0 \leq s \leq t}$ と，時刻 $(t,T]$ における経路 $\{B_s\}_{t < s \leq T}$ の合併であることに注意しておこう．いま時刻 $[0,t]$ で定義されたある（確率的ではない既知の）連続関数 $f(s)$ を用いて，$B_s = f(s)\ (0 \leq s \leq t)$ であることを条件とした条件付き期待値 $E[X|B_s = f(s)\ (0 \leq s \leq t)]$ は

$$\begin{aligned}
E\big[X|B_s &= f(s)\ (0 \leq s \leq t)\big] \\
&= E\big[g(\{B_s\}_{0 \leq s \leq t} \cup \{B_s\}_{t < s \leq T})|B_s = f(s)\ (0 \leq s \leq t), B_t = f(t)\big] \\
&= E\big[g(\{f(s)\}_{0 \leq s \leq t} \cup \{B_s\}_{t < s \leq T})|B_t = f(t)\big]
\end{aligned}$$

と定義される．ここで，ブラウン運動の経路は連続でないといけないので，

---

[3] $\{B_s\}_{0 \leq s \leq T}$ は，時刻 0 から T までの間にブラウン運動がどのように動いたか，その経路を表しているものとする．経路はグラフを作れることからもわかるように，関数と見てもよい．$g(\cdot)$ は，$[0,T]$ で定義された関数を代入すると一つ値が決まる（汎）関数である．したがって，X はランダムに現れるブラウン運動の経路によってとる値が決まる確率変数である．

$\{B_s\}_{t \leq s \leq T}$ として $\lim_{s \downarrow t} B_s = B_t(= f(t))$ を満たす経路のみをもってきて期待値をとらないといけない．その上で，条件付き期待値 $E[X|\mathcal{F}_t]$ は

$$E[X|\mathcal{F}_t] = E\big[X|B_s = f(s) \ (0 \leq s \leq t)\big]\big|_{\{f(s)=B_s \ 0 \leq s \leq t\}}$$
$$= E\big[g(\{f(s)\}_{0 \leq s \leq t} \cup \{B_s\}_{t<s \leq T})|B_t = f(t)\big]\big|_{\{f(s)=B_s \ 0 \leq s \leq t\}} \quad (3.11)$$

と定義したと思えばよい．式 (3.11) をよく見てみると，この条件付き期待値は時刻 $(t,T]$ における経路 $\{B_s\}_{\{t<s \leq T\}}$ についてのみ期待値をとっている．一方で，前半の経路 $f(s)$ $(0 \leq s \leq t)$ は後から B_s を代入している．結局，条件付き期待値 $E[X|\mathcal{F}_t]$ は，$[0,t]$ におけるブラウン運動の経路 $\{B_s\}_{0 \leq s \leq t}$ によって決まる確率変数となる．よって，確率変数 X を時刻 $[0,t]$ における情報はそのままに，時刻 $[t,T]$ における情報でのみ期待値をとったこととなっている．これにより，連続モデルの条件付き期待値も，離散モデルの場合と同じ考え方で作られていることがわかる．この条件付き期待値を定義としてまとめておこう．

> **定義 3.4** 確率変数 X は，ブラウン運動の時刻 $[0,T]$ における経路によって値が決まる確率変数とする．ブラウン運動の時刻 $[0,t]$ における経路の情報による条件付き期待値 $E[X|\mathcal{F}_t]$ を
>
> $$E[X|\mathcal{F}_t] = E\big[g(\{f(s)\}_{0 \leq s \leq t} \cup \{B_s\}_{t<s \leq T})|B_t = f(t)\big]\big|_{\{f(s)=B_s \ 0 \leq s \leq t\}}$$
>
> と定義する．

たとえば，B_T の時刻 t まで情報を所与とした条件付き期待値 $E[B_T|\mathcal{F}_t]$ は

$$E[B_T|\mathcal{F}_t] = E[B_T - B_t + B_t|\mathcal{F}_t] = E[B_T - B_t|\mathcal{F}_t] + E[B_t|\mathcal{F}_t] \quad (3.12)$$

と計算できる．ここで，$B_T - B_t$ は時刻 t までのブラウン運動の動きとは独立だったので

$$E[B_T - B_t|\mathcal{F}_t] = E[B_T - B_t] = 0$$

が成り立つ[4]．また，B_t の値は，時刻 t までのブラウン運動の経路がわかっていたら既知の値となるので

$$E[B_t|\mathcal{F}_t] = B_t$$

が成り立つ．よって式 (3.12) より

$$E[B_T|\mathcal{F}_t] = B_t$$

がいえる．同様に計算して $0 \le s \le t \le T$ とすれば

$$E[B_t|\mathcal{F}_s] = B_s$$

であることがわかった．例 3.1 の $W_{n\Delta t}$ と同様に，B_t もマルチンゲールであると呼びたい．そこで，連続時間確率過程でのマルチンゲールの定義もしておこう．

定義 3.5 確率過程 $\{X_t\}_{t \in [0,T]}$ が $\sup_{t \in [0,T]} E[|X_t|] < \infty$ を満たし，かつ $0 < s < t$ について

$$X_s = E[X_t|\mathcal{F}_s]$$

が成り立つとき，確率過程 X_t はマルチンゲールであるという．

また，B_t^2 の時刻 s まで情報を所与とした条件付き期待値 $E[B_t^2|\mathcal{F}_s]$ は

$$E[B_t^2|\mathcal{F}_s] = E[(B_t - B_s + B_s)^2|\mathcal{F}_s]$$
$$= E[(B_t - B_s)^2|\mathcal{F}_s] + 2E[(B_t - B_s)B_s|\mathcal{F}_s] + E[B_s^2|\mathcal{F}_s]$$

と計算できる．ここで，$B_t - B_s$ は時刻 s までのブラウン運動の動きとは独立だったので

---

[4] $B_T - B_t$ は，時刻 $[0,t]$ におけるブラウン運動の経路や B_t の時刻 t における値と関係なく決まるので

$$\begin{aligned}E[B_T - B_t|\mathcal{F}_t] &= E[B_T - B_t|B_s = f(s)\ 0 \le s \le t]|_{\{f(s)=B_s\ 0 \le s \le t\}} \\ &= E[B_T - B_t|B_t = f(t)]|_{\{f(s)=B_s\ 0 \le s \le t\}} \\ &= E[B_T - B_t] = 0\end{aligned}$$

となる．

$$E[(B_t - B_s)^2|\mathcal{F}_s] = E[(B_t - B_s)^2] = t - s$$

が成り立つ．また，B_s の値は時刻 s までのブラウン運動の経路がわかっていたら既知の値となるので

$$E[(B_t - B_s)B_s|\mathcal{F}_s] = B_s E[B_t - B_s|\mathcal{F}_s] = B_s E[B_t - B_s] = 0$$

が成り立つ．さらに

$$E[B_s^2|\mathcal{F}_s] = B_s^2$$

もいえる．これらをすべて合わせれば

$$E[B_t^2 - t|\mathcal{F}_s] = B_s^2 - s$$

がいえる．よって $B_t^2 - t$ もマルチンゲールなことがわかった．さらに，$e^{\sigma B_t - \frac{\sigma^2 t}{2}}$ もマルチンゲールである．これも確認してみよう．

$$\begin{aligned}
E[e^{\sigma B_t - \frac{\sigma^2 t}{2}}|\mathcal{F}_s] &= E[e^{\sigma(B_t - B_s) - \frac{\sigma^2(t-s)}{2} + \sigma B_s - \frac{\sigma^2 s}{2}}|\mathcal{F}_s] \\
&= e^{\sigma B_s - \frac{\sigma^2 s}{2}} e^{-\frac{\sigma^2(t-s)}{2}} E[e^{\sigma(B_t - B_s)}|\mathcal{F}_s] \quad (3.13)
\end{aligned}$$

である．一方で，$B_t - B_s$ が時刻 s 時点以前のブラウン運動の履歴と独立なことと，正規分布の積率母関数から

$$E[e^{\sigma(B_t - B_s)}|\mathcal{F}_s] = E[e^{\sigma(B_t - B_s)}] = e^{\frac{(t-s)\sigma^2}{2}}$$

が成り立つ．よって式 (3.13) より

$$E[e^{\sigma B_t - \frac{\sigma^2 t}{2}}|\mathcal{F}_s] = e^{\sigma B_s - \frac{\sigma^2 s}{2}}$$

が成り立つ．よって確率過程 $e^{\sigma B_t - \frac{\sigma^2 t}{2}}$ はマルチンゲールである．

3.2.3　確率積分

ブラウン運動を用いて定義された積分である確率積分を定義したい．たとえば関数 $f(t)$ に対する $[0,T]$ 区間での通常の積分（リーマン積分）は，直感的には $T = N\Delta t$ で Δt を決めて分位点を $t_n = n\Delta t$　ととれば

$$\int_0^T f(t)dt = \lim_{\Delta t \to 0} \sum_{i=0}^{N-1} f(\tilde{t}_i)\Delta t$$

と定義された[5]．ただし，$\tilde{t}_i$ は $[t_i, t_{i+1}]$ に属する任意の値である．それでは，ブラウン運動による確率積分も同じように定義することができるのであろうか？たとえば Kuo(2006) などに有名な例が載っているので見てみよう．ブラウン運動 $\{B_t\}_{t \in [0,T]}$ に対する確率積分を次のように 2 通りで定義しておく．

$$L = \lim_{\Delta t \to 0} \sum_{i=0}^{N-1} B_{t_i}(B_{t_{i+1}} - B_{t_i}), \tag{3.14}$$

$$R = \lim_{\Delta t \to 0} \sum_{i=0}^{N-1} B_{t_{i+1}}(B_{t_{i+1}} - B_{t_i}) \tag{3.15}$$

式 (3.14) で定義された確率積分は，$\tilde{t}_i$ を左に寄せて t_i として定義しており，式 (3.15) で定義された確率積分は，$\tilde{t}_i$ を右に寄せて t_{i+1} として定義している．$R-L$ を計算すると，式 (3.10) を用いて

$$R - L = \lim_{\Delta t \to 0} \sum_{i=0}^{N-1} (B_{t_{i+1}} - B_{t_i})^2 = T$$

となることがわかる．よって，分位点を左寄せにするか右寄せにするかで確率積分の値は変わってしまう．ここでは，分位点は左寄せにして定義をすることにする．すなわち，$f(t)$ は時刻 t までのブラウン運動の経路で決まってしまうような確率過程（適合過程）で技術的な条件

$$E\left[\int_0^T f(t)^2 dt\right] < \infty$$

---

[5] リーマン積分を正確に定義するには，もちろん，上積分・下積分を用いて定義するべきである．詳細は適当な微積分の教科書を参照のこと．

を満たすものとする．このとき，$f(t)$ に対する確率積分を

$$\int_0^T f(t)dB_t = \lim_{\Delta t \to 0} \sum_{i=0}^{N-1} f(t_i)(B_{t_{i+1}} - B_{t_i}) \qquad (3.16)$$

で定義をする．このように定義された確率積分を伊藤型確率積分と呼ぶ．この定義はランダム・ウォークの議論ではどのようなことと対応しているのかを考察してみよう．まず $f(t)$ は「時刻 t までのブラウン運動の経路で決まってしまう」確率過程とする，という部分であるが，これは，確率過程 $f(i\Delta t)$ のとる値は $\epsilon_1, \ldots, \epsilon_i$ で決まるといっていると思ってよい．すなわち各々の i について $f(i\Delta t) = f_i(\epsilon_1, \ldots, \epsilon_i)$ となる関数 f_i があるということである．また，$B_{t_{i+1}} - B_{t_i}$ は $W_{t_{i+1}} - W_{t_i} = \epsilon_{i+1}$ で近似されると思ってよい．よって，確率積分の定義式 (3.16) は，ほぼ，

$$\int_0^T f(t)dB_t \approx \sum_{i=0}^{N-1} f_i(\epsilon_1, \ldots, \epsilon_i)\epsilon_{i+1}$$

と述べていると思ってよい．ここで関数 f_0 は定数としておく．しかし，なぜ，伊藤積分を定義するのに分位点 $\tilde{t}_i$ を右寄せではなく，中点でもなく，左寄せにしたのであろうか？　実は，左に寄せておくと，$f_i(\epsilon_1, \ldots, \epsilon_i)$ と ϵ_{i+1} が独立となり計算するのに都合がよいことが起こるからである．しかし一方で，物理学などでは $\tilde{t}_i$ は中点と見たほうが自然なこともあるようである．このような積分をストラトノビッチ型積分と呼び，物理のみならず数学でも利用されている．$f_i(\epsilon_1, \ldots, \epsilon_i)$ と ϵ_{i+1} が独立だと便利であるという例をランダム・ウォークを使って三つ考えてみよう．一つ目の例は，確率積分の期待値に関係することである．確率変数 X を

$$X = \sum_{i=0}^{n-1} f_i(\epsilon_1, \ldots, \epsilon_i)\epsilon_{i+1}$$

とおこう．すると

$$\begin{aligned}E[X] &= \sum_{i=0}^{N-1} E[f_i(\epsilon_1, \ldots, \epsilon_i)\epsilon_{i+1}] = \sum_{i=0}^{N-1} E\big[f_i(\epsilon_1, \ldots, \epsilon_i)E[\epsilon_{i+1}|\mathcal{F}_{i\Delta t}]\big] \\ &= \sum_{i=0}^{N-1} E\big[f_i(\epsilon_1, \ldots, \epsilon_i) \times 0\big] = 0\end{aligned}$$

となり期待値は 0 である．これから

$$E\left[\int_0^T f(t)dB_t\right] = 0$$

が予想できる．すなわち確率積分の期待値は 0 であると思われるが，これは正しい．二つ目の例は離散確率積分 $X_{n\Delta t} = \sum_{i=0}^{n-1} f_i(\epsilon_1, \ldots, \epsilon_i)\epsilon_{i+1}$ はマルチンゲールになるというものである．$X_{(n+1)\Delta t}$ で時刻 n に対する条件付き期待値をとり

$$E[X_{(n+1)\Delta t}|\mathcal{F}_{n\Delta t}] = E\left[\sum_{i=0}^n f_i(\epsilon_1, \ldots, \epsilon_i)\epsilon_{i+1}|\mathcal{F}_{n\Delta t}\right]$$

を計算したいが，右辺のうち時刻 $n\Delta t$ までに明らかになっていないのは ϵ_{n+1} のみである．よって

$$E[X_{(n+1)\Delta t}|\mathcal{F}_{n\Delta t}] = \sum_{i=0}^{n-1} f_i(\epsilon_1, \ldots, \epsilon_i)\epsilon_{i+1} + f_n(\epsilon_1, \ldots, \epsilon_n)E[\epsilon_{n+1}|\mathcal{F}_{n\Delta t}]$$
$$= \sum_{i=0}^{n-1} f_i(\epsilon_1, \ldots, \epsilon_i)\epsilon_{i+1} = X_{n\Delta t}$$

となり，離散確率積分はマルチンゲールとなることがわかる．また，この事実は連続時間モデルにも拡張できて，確率積分がマルチンゲールになることを示すことができる．すなわち，時刻 $0 \leq s < t \leq T$ について

$$E\left[\int_0^t f(u)dB_u|\mathcal{F}_s\right] = \int_0^s f(u)dB_u$$

が成り立つ．

もう一つの例は，二つの離散確率積分

$$X = \sum_{n=1}^{N-1} f_n(\epsilon_1, \ldots, \epsilon_n)\epsilon_{n+1}, \qquad Y = \sum_{n=1}^{N-1} g_n(\epsilon_1, \ldots, \epsilon_n)\epsilon_{n+1}$$

について，期待値 $E[XY]$ を計算するというものである．ここでも関数 f_0 は定数としておく．すると

$$E[XY] = E\left[\left(\sum_{i=0}^{N-1} f_i(\epsilon_1, \ldots, \epsilon_i)\epsilon_{i+1}\right) \times \left(\sum_{j=0}^{N-1} g_j(\epsilon_1, \ldots, \epsilon_j)\epsilon_{j+1}\right)\right]$$

$$= E\left[\sum_{i \neq j} f_i(\epsilon_1, \ldots, \epsilon_i)g_j(\epsilon_1, \ldots, \epsilon_j)\epsilon_{i+1}\epsilon_{j+1}\right.$$

$$\left. + \sum_{i=0}^{N-1} f_i(\epsilon_1, \ldots, \epsilon_i)g_i(\epsilon_1, \ldots, \epsilon_i)\epsilon_{i+1}^2\right] \quad (3.17)$$

ここで, $i > j$ ならば

$$E[f(\epsilon_1, \ldots, \epsilon_i)g(\epsilon_1, \ldots, \epsilon_j)\epsilon_{i+1}\epsilon_{j+1}] = E\big[E[f(\epsilon_1, \ldots, \epsilon_i)g(\epsilon_1, \ldots, \epsilon_j)\epsilon_{i+1}\epsilon_{j+1}|\mathcal{F}_{i\Delta t}]\big]$$

$$= E\big[f(\epsilon_1, \ldots, \epsilon_i)g(\epsilon_1, \ldots, \epsilon_j)\epsilon_{j+1}E[\epsilon_{i+1}|\mathcal{F}_{i\Delta t}]\big]$$
$$(3.18)$$

である.ところが $E[\epsilon_{i+1}|\mathcal{F}_{i\Delta t}] = E[\epsilon_{i+1}] = 0$ が成り立つので,式 (3.18) は 0 となる.ここで,タワー・プロパティ(定理 3.1)を用いた.この計算で ϵ_{i+1} だけが $\epsilon_1, \ldots, \epsilon_i$ によって決まる値でなかったのは,確率積分を $f(\epsilon_1, \ldots, \epsilon_i)$ と ϵ_{i+1} が独立になるように定義したからである.同様に $i < j$ の場合も 0 となるので,式 (3.17) の右辺第 1 項は 0 である.よって,式 (3.17) は $\epsilon_{i+1}^2 = \Delta t$ を用いると

$$E[XY] = \sum_{i=0}^{N-1} E[f(\epsilon_1, \ldots, \epsilon_i)g(\epsilon_1, \ldots, \epsilon_i)]\Delta t$$

となることがわかる.この性質は連続時間でも成立する.すなわち,二つの確率積分

$$X = \int_0^T f(t)dB_t, \qquad Y = \int_0^T g(t)dB_t$$

について

$$E[XY] = \int_0^T E[f(t)g(t)]dt$$

を満たす.最後にここまででわかったことを結果を定理としてまとめておく.

> **定理 3.4** 二つの確率積分
>
> $$X = \int_0^T f(t)dB_t, \quad Y = \int_0^T g(t)dB_t$$
>
> について[6]，以下の性質が成り立つ．
>
> (1) 確率積分の期待値は 0 に等しい．
>
> $$E\left[\int_0^T f(t)dB_t\right] = 0 .$$
>
> (2) 確率積分 $\int_0^t f(u)dB_u$ はマルチンゲール．すなわち
>
> $$E\left[\int_0^t f(u)dB_u | \mathcal{F}_s\right] = \int_0^s f(u)dB_u .$$
>
> (3) 二つの確率積分の積は以下のように計算できる．
>
> $$E\left[\int_0^T f(t)dB_t \cdot \int_0^T g(t)dB_t\right] = \int_0^T E[f(t)g(t)]dt .$$

3.2.4 確率微分方程式

確率過程 $\{X_t\}_{t=0}^T$ が，確率積分を含む方程式

$$X_t = x + \int_0^t \mu(X_s, s)ds + \int_0^t \sigma(X_s, s)dB_s \tag{3.19}$$

を満たすとする．この方程式を満たすような $\{X_t\}$ を見つけたいというのは，金融や保険の数学においてよくある話である．式 (3.19) のような形の方程式を確率微分方程式という．確率微分方程式 (3.19) は，微分形と呼ばれる形

$$\begin{aligned}dX_t &= \mu(X_t, t)dt + \sigma(X_t, t)dB_t, \\ X_0 &= x\end{aligned} \tag{3.20}$$

---

[6] もちろん $f(t), g(t)$ が適合過程なことや技術的な条件 $E[\int_0^T f(t)^2 dt], E[\int_0^T g(t)^2 dt] < \infty$ は暗に仮定している．

で略記されることがある．ここで，$\mu(x,t)$ をドリフト項，$\sigma(x,t)$ を拡散項と呼ぶ．ランダム・ウォークの話題における確率差分方程式

$$\begin{aligned}X_{n\Delta t} &= x + \sum_{i=0}^{n-1}\mu(X_{i\Delta t},i\Delta t)\Delta t + \sum_{i=0}^{n-1}\sigma(i\Delta t,i\Delta t)(W_{(i+1)\Delta t} - W_{i\Delta t}) \\ &= x + \sum_{i=0}^{n-1}\mu(X_{i\Delta t},i\Delta t)\Delta t + \sum_{i=0}^{n-1}\sigma(X_{i\Delta t},i\Delta t)\epsilon_{i+1} \quad (3.21)\end{aligned}$$

を解く問題が，確率微分方程式 (3.19) に対応しているといえる．式 (3.21) において $n+1$ を代入したものから $n\Delta t$ 時点の式を辺々引き算すると

$$X_{(n+1)\Delta t} - X_{n\Delta t} = \mu(X_{n\Delta t},n\Delta t)\Delta t + \sigma(X_{n\Delta t},n\Delta t)\epsilon_{n+1}$$

となるが，これに初期値 $X_0 = x$ を加えたものが，確率微分方程式の微分形に対応しているといえる．この式は (3.7) ですでに出ている式である．このことから，確率差分方程式を解くのに用いた離散伊藤公式が，確率微分方程式の近似解を計算するのにも役に立つかもしれないと期待ができないだろうか．簡単な例として，確率差分方程式の中の関数 $\mu(x,t)$ および $\sigma(x,t)$ が $\mu(x,t) = \mu x$ および $\sigma(x,t) = \sigma x$ と書けたとする．すなわち

$$X_{(n+1)\Delta t} - X_{n\Delta t} = \mu X_{n\Delta t}\Delta t + \sigma X_{n\Delta t}\epsilon_{n+1}, \quad X_0 = x$$

について考える．関数 $f(x)$ を $f(x) = \log x$ と決めてやると，

$$\frac{d}{dx}f(x) = \frac{1}{x}, \quad \frac{d^2}{dx^2}f(x) = -\frac{1}{x^2}$$

が成り立つ．よって式 (3.8) または式 (3.9) を用いると

$$\begin{aligned}\log(X_{(n+1)\Delta t}) - \log(X_{n\Delta t}) &= \left(\mu X_{n\Delta t}\frac{1}{X_{n\Delta t}} - \frac{1}{2}\sigma^2 X_{n\Delta t}^2\frac{1}{X_{n\Delta t}^2}\right)\Delta t \\ &\quad + \sigma X_{n\Delta t}\frac{1}{X_{n\Delta t}}\epsilon_{n+1} + o(\Delta t) \\ &= \left(\mu - \frac{1}{2}\sigma^2\right)\Delta t + \sigma\epsilon_{n+1} + o(\Delta t)\end{aligned}$$

または

$$\log(X_{n\Delta t}) = \log x + \sum_{i=0}^{n-1}\left(\mu - \frac{1}{2}\sigma^2\right)\Delta t + \sum_{i=0}^{n-1}\sigma\epsilon_{i+1} + o(1)$$
$$= \log x + \left(\mu - \frac{1}{2}\sigma^2\right)n\Delta t + \sigma W_{n\Delta t} + o(1)$$

がいえた. よって,

$$X_{n\Delta t} = x\exp\left(\left(\mu - \frac{1}{2}\sigma^2\right)n\Delta t + \sigma W_{n\Delta t} + o(1)\right)$$

が成り立つ. このことから, $\Delta t \to 0$ とすると確率微分方程式

$$dX_t = \mu X_t dt + \sigma X_t dB_t, \tag{3.22}$$
$$X_0 = x$$

の解は

$$X_t = x\exp\left(\left(\mu - \frac{1}{2}\sigma^2\right)t + \sigma B_t\right) \tag{3.23}$$

となることが予想される. ここまでの計算を行うのに式 (3.8) および式 (3.9) を用いて計算したのが味噌であった. これらの式も連続時間モデルにおいて対応する式がある.

定理 3.5 関数 $f(x,t)$ が変数 x について 2 階微分可能であり, t について 1 階微分可能であるとする. 確率微分方程式

$$dX_t = \mu(X_t, t)dt + \sigma(X_t, t)dB_t, \qquad X_0 = x \tag{3.24}$$

に対し, 次の公式

$$df(X_t, t) = \left\{\frac{\partial}{\partial t}f(X_t, t) + \mu(X_t, t)\frac{\partial}{\partial x}f(X_t, t) + \frac{1}{2}\sigma(X_t, t)^2\frac{\partial^2}{\partial x^2}f(X_t, t)\right\}dt$$
$$+ \sigma(X_t, t)\frac{\partial}{\partial x}f(X_t, t)dB_t$$

または

$$f(X_t, t) = f(X_0, 0) + \int_0^t \left\{\frac{\partial}{\partial t}f(X_s, s) + \mu(X_s, s)\frac{\partial}{\partial x}f(X_s, s)\right.$$

$$+ \frac{1}{2}\sigma(X_s,s)^2 \frac{\partial^2}{\partial x^2}f(X_s,s)\bigg\}ds + \int_0^t \sigma(X_s,s)\frac{\partial}{\partial x}f(X_s,s)dB_s$$

が成り立ち，伊藤公式と呼ばれる．

この定理を使えば，差分方程式で計算したのと全く同じように，確率微分方程式 (3.22) の解が式 (3.23) と書けることを計算できる．なお，確率微分方程式 (3.20) の解が存在して，しかも一意であることを正確にいうには，関数 $\mu(x,t)$ および $\sigma(x,t)$ に，リプシッツ条件や増大度条件などが必要である．詳細な議論は石村 (2014) や確率解析の本を見ていただきたい．

伊藤公式を用いていくつか計算してみよう．たとえば B_t^2 を伊藤公式を用いて計算するとどのようになるのであろうか？ この例をランダム・ウォークに対応させたものは式 (3.4) においてすでに議論しており，その結果から，

$$B_t^2 = 2\int_0^t B_s dB_s + t \tag{3.25}$$

となることが予想される．確率微分方程式 (3.24) において $\mu(x,t) = 0$ および $\sigma(x,t) = 1$ とおくと，ブラウン運動 B_t の満たす方程式が導出される．また $f(x) = x^2$ とおけば $f' = 2x$ および $f'' = 2$ がいえるので，伊藤公式より

$$B_t^2 = 0 + \frac{1}{2}\int_0^t 2ds + \int_0^t 2B_s dB_s = \int_0^t 2B_s dB_s + t$$

がいえる．また，確率微分方程式

$$\begin{aligned} dY_t &= -cY_t dt + \sigma dB_t, \\ Y_0 &= y \end{aligned} \tag{3.26}$$

を解いてみよう．関数として $f(y,t) = ye^{ct}$ をとると，

$$d(Y_t e^{ct}) = (cY_t e^{ct} + (-cY_t)e^{ct})dt + \sigma e^{ct}dB_t = \sigma e^{ct}dB_t$$

が成り立つ．積分形で書くと

$$Y_t e^{ct} = y + \sigma \int_0^t e^{cs}dB_s$$

となるので,

$$Y_t = e^{-ct}y + \sigma e^{-ct}\int_0^t e^{cs}dB_s$$

となる.このような確率過程をオルンシュタイン=ウーレンベック (Ornstein-Uhlenbeck) 過程と呼ぶ.さて,オルンシュタイン=ウーレンベック過程が時刻 t においてとる値は,どのような確率分布に従うであろうか? 確率微分方程式 (3.26) より,時刻 Δt における値 $Y_{\Delta t}$ は

$$Y_{\Delta t} \approx y - cy\Delta t + \sigma(B_{\Delta t} - B_0)$$

がいえるので,$Y_{\Delta t}$ は平均 $(1-c\Delta t)y$ かつ分散 $\sigma^2 \Delta t$ の正規分布で近似される.さらに時刻 $n\Delta t$ におけるオルンシュタイン=ウーレンベック過程のとる値 $Y_{n\Delta t}$ が正規分布に従えば

$$Y_{(n+1)\Delta t} \approx Y_{n\Delta t} - cY_{n\Delta t}\Delta t + \sigma(B_{(n+1)\Delta t} - B_{n\Delta t})$$

となるが,第 1 項 $(1-c\Delta t)Y_{n\Delta t}$ および第 2 項 $\sigma(B_{(n+1)\Delta t} - B_{n\Delta t})$ は正規分布なので,2 つの正規分布に従う確率変数の和は正規分布に従うことより $Y_{(n+1)\Delta t}$ の分布も正規分布で近似される.このような結果から,実は確率変数 Y_t は正規分布に従うのではないかと予想できるが,この予想は正しい.これについては,のちほど確認をしてみる.一方で,確率微分方程式 (3.22) に従う X_t のほうは,正規分布に従わない.確率微分方程式 (3.22) を離散化すると

$$X_{(n+1)\Delta t} \approx X_{n\Delta t} + \mu X_{n\Delta t}\Delta t + \sigma X_{n\Delta t}(B_{(n+1)\Delta t} - B_{n\Delta t})$$

となるが,もし,$X_{n\Delta t}$ が正規分布に従っていたとしよう.この場合,正規分布同士の掛け算 $X_{n\Delta t}(B_{(n+1)\Delta t} - B_{n\Delta t})$ は正規分布に従わないため,$X_{(n+1)\Delta t}$ は正規分布に従わなくなってしまう.よって X_t の分布は正規分布にはならないのである.実際,

$$\log X_t = \log x + \left(\mu - \frac{\sigma^2}{2}\right)t + \sigma B_t$$

より $\log X_T$ が平均 $\log x + (\mu - \frac{\sigma^2}{2})T$ および分散 $\sigma^2 T$ の正規分布に従うので,X_T 自体は対数をとって初めて正規分布に従うこととなる.このような確率変

数の分布を対数正規分布と呼ぶ．

3.2.5 ファインマン・カッツの定理

ここでは，確率微分方程式の解の期待値が偏微分方程式を解くことで計算できることを見ていきたい．まず確率微分方程式

$$dX_t = \mu(X_t, t)dt + \sigma(X_t, t)dB_t \tag{3.27}$$

の解について，$0 \leq t \leq T$ における以下の条件付き期待値

$$g(x, t) = E[e^{-r(T-t)} h(X_T) | X_t = x]$$

の計算を試みたい．まずは，もう少し簡単な形の条件付き期待値

$$g(x, t) = E[h(X_T) | X_t = x]$$

を計算してみよう．関数 $g(x,t)$ は時刻 t における X_t の値 x を与えた場合の期待値なので，確率変数ではない（すなわち単なる関数である）ことに注意をしておこう．さて，関数 $g(x,t)$ の x に X_t を代入して得られる値 $g(X_t, t)$ すなわち $g(X_t, t) = E[h(X_T)|X_t]$ について考察してみよう．時刻 $[t, T]$ において確率微分方程式 (3.27) を駆動するブラウン運動の経路は $[0, t]$ におけるブラウン運動の経路とは無関係であるので（独立増分性より），たとえば時刻 t において X_t の値がわかれば，$[0, t]$ の経路とは関係なく条件付き期待値の値が求まるはずである．よって

$$g(X_t, t) = E[h(X_T)|X_t] = E[h(X_T)|\mathcal{F}_t]$$

が成り立つはずである．これは X_t がマルコフ過程であることを示している．このことから，$T \geq t \geq s \geq 0$ に対して

$$E[g(X_t, t)|\mathcal{F}_s] = E\big[E[h(X_T)|\mathcal{F}_t]\big|\mathcal{F}_s\big] = E[h(X_T)|\mathcal{F}_s] = g(X_s, s)$$

であることがわかり，$g(X_t, t)$ はマルチンゲールであることがわかった．このこ

とから次の定理を示すことができる．

> **定理 3.6** 関数 $g(x,t)$ は偏微分方程式
>
> $$\frac{\partial}{\partial t}g(x,t) + \mathcal{L}_t g(x,t) = 0 \tag{3.28}$$
>
> と終端条件
>
> $$g(x,T) = h(x) \tag{3.29}$$
>
> を満たすとしよう．ただし，作用素 $\mathcal{L}_t$ は
>
> $$\mathcal{L}_t g(x,t) = \mu(x,t)\frac{\partial g}{\partial x}(x,t) + \frac{\sigma^2(x,t)}{2}\frac{\partial^2 g}{\partial x^2}(x,t)$$
>
> で定義されるものとする．このとき偏微分方程式の解 $g(x,t)$ は，確率微分方程式 (3.27) の解 X_t を用いて条件付き期待値による表現
>
> $$g(x,t) = E[h(X_T)|X_t = x] \tag{3.30}$$
>
> をもつ．また逆に条件付き期待値 (3.30) は，終端条件 (3.29) をもつ偏微分方程式 (3.28) の解となる．

説明 伊藤公式を用いて $g(X_T, T)$ を計算すると，

$$g(X_T,T) = g(X_t,t) + \int_t^T \left(\frac{\partial g}{\partial u}(X_u,u) + \mathcal{L}_u g(X_u,u)\right) du + \int_t^T \sigma(X_u,u)\frac{\partial g}{\partial x}(X_u,u) dB_u \tag{3.31}$$

であることがわかる．ところで，確率積分の性質から

$$E\left[\int_t^T \sigma(X_u,u)\frac{\partial g}{\partial x}(X_u,u) dB_u \Big| \mathcal{F}_t\right] = 0$$

がいえる．また関数 g が偏微分方程式 (3.28) を満たすので

$$E[g(X_T,T)|\mathcal{F}_t] = g(X_t,t)$$

が成り立つことがわかる．よって，境界条件 (3.29) より $E[h(X_T)|\mathcal{F}_t] = g(X_t,t)$ がいえる．すなわち

$$E[h(X_T)|X_t = x] = g(x,t)$$

がわかった.逆はエクセンダール (1999) などを見よ. □

この定理の応用を考えてみよう.確率微分方程式

$$dY_t = c(k - Y_t)dt + \sigma dB_t, \qquad Y_0 = y_0$$

の時刻 T における値 Y_T の分布について考えてみる.これは式 (3.26) で取り上げたオルンシュタイン＝ウーレンベック過程の一般形で,$k = 0$ のときに式 (3.26) と一致する.いま,確率変数 Y_T の積率母関数 $\phi(\theta) = E[e^{\theta Y_T}]$ を計算してみよう.$\phi_\theta(y, t)$ を

$$\phi_\theta(y, t) = E[e^{\theta Y_T} | Y_t = y]$$

とおくと,$\phi(\theta) = \phi_\theta(y_0, 0)$ である.また,定理 3.6 の式 (3.30) の期待値の中に出てくる関数 $h(x)$ を $h(x) = e^{\theta x}$ とおいたものと見なせる.よって $\phi_\theta(y, t)$ は偏微分方程式

$$\frac{\partial \phi_\theta}{\partial t} + c(k - y)\frac{\partial \phi_\theta}{\partial y} + \frac{\sigma^2}{2}\frac{\partial^2 \phi_\theta}{\partial y^2} = 0 \qquad (3.32)$$

の解となる.また,時刻 T においては

$$\phi_\theta(y, T) = E[e^{\theta Y_T} | Y_T = y] = e^{\theta y} \qquad (3.33)$$

となる.ここで,あてずっぽうではあるが,$\phi_\theta(y, t) = \exp(\alpha(t) + \beta(t)y)$ が解であるものと予想したとしよう.これを偏微分方程式 (3.32) に代入すると

$$\left\{ (\alpha'(t) + \beta'(t)y) + c(k - y)\beta(t) + \frac{\sigma^2}{2}\beta^2(t) \right\} \exp(\alpha(t) + \beta(t)y)$$
$$= \left\{ \left(\alpha'(t) + ck\beta(t) + \frac{\sigma^2}{2}\beta^2(t) \right) + (\beta'(t) - c\beta(t))y \right\} \exp(\alpha(t) + \beta(t)y) = 0$$

となる.これが y の値によらず常に成り立つには

$$\alpha'(t) + ck\beta(t) + \frac{\sigma^2}{2}\beta^2(t) = 0, \qquad \beta'(t) - c\beta(t) = 0$$

が成り立たないといけない.また,時刻 T において式 (3.33) が成り立つので,終端条件

$$\alpha(T) = 0, \qquad \beta(T) = \theta$$

も成り立つ．$\beta(t)$ のほうを先に解くと

$$\beta(t) = \theta e^{-c(T-t)}$$

であり，これを用いれば $\alpha(t)$ のほうも解くことができ

$$\alpha(t) = k\theta(1 - e^{-c(T-t)}) + \frac{\sigma^2\theta^2}{4c}(1 - e^{-2c(T-t)})$$

となる[7]．よって，$m(y,t)$ と $s^2(t)$ をそれぞれ

$$m(y,t) = e^{-c(T-t)}y_0 + k(1 - e^{-c(T-t)}), \qquad s^2(t) = \frac{\sigma^2}{2c}(1 - e^{-2c(T-t)})$$

とおくと

$$\phi_\theta(y_0, t) = e^{m(y_0,t)\theta + \frac{s^2(t)}{2}\theta^2}$$

となる．特に

$$\phi(\theta) = \phi_\theta(y_0, 0) = e^{m(y_0,0)\theta + \frac{s^2(0)}{2}\theta^2}$$

であるが，これは平均 μ および分散 v^2 が

$$\mu = m(y_0, 0) = e^{-cT}y_0 + k(1 - e^{-cT}), \qquad v^2 = s^2(0) = \frac{\sigma^2}{2c}(1 - e^{-2cT})$$

となる正規分布の積率母関数と等しいので，Y_T は正規分布に従うことがわかる．

次に，定理 3.6 を拡張することを考えてみる．

定理 3.7 関数 $g(x,t)$ は偏微分方程式

$$\frac{\partial}{\partial t}g(x,t) + \mathcal{L}_t g(x,t) - rg(x,t) = 0 \tag{3.34}$$

と終端条件

$$g(x,T) = h(x) \tag{3.35}$$

---

[7] この計算手順は，アフィン型金利期間構造モデルにおいて，債券価格や債券オプション価格評価に必要となる積分変換を計算する手順と同じである．ただし，これらの問題では常微分方程式の解が閉じた形で書けない場合もあり，その場合はルンゲ・クッタ法などを用いて数値的に計算することとなる．

を満たすとしよう.ただし,作用素 $\mathcal{L}_t$ は定理 3.6 で導入されたものと同じであるとする.このとき関数 $g(x,t)$ は,確率微分方程式 (3.27) の解 X_t を用いて条件付き期待値による表現

$$g(x,t) = E[e^{-r(T-t)}h(X_T)|X_t = x] \qquad (3.36)$$

をもつ.また逆に条件付き期待値 (3.36) は,終端条件 (3.35) をもつ偏微分方程式 (3.34) の解となる.

説明 関数 $g(x,t)$ は偏微分方程式 (3.34) と終端条件 (3.35) を満たすとする.関数 $\tilde{g}(x,t)$ を $\tilde{g}(x,t) = e^{r(T-t)}g(x,t)$ とおく.すると $\tilde{g}(x,T) = h(x)$ が成り立ち,かつ

$$\frac{\partial}{\partial t}\tilde{g}(x,t) + \mathcal{L}_t\tilde{g}(x,t) = \left(-rg(x,t) + \frac{\partial}{\partial t}g(x,t) + \mathcal{L}_tg(x,t)\right)e^{r(T-t)} = 0$$

がいえる.定理 3.6 より

$$e^{r(T-t)}g(x,t) = \tilde{g}(x,t) = E[h(X_T)|X_t = x]$$

が成り立つ.このことから式 (3.36) が成り立つ. □

この定理はのちにブラック・ショールズの公式を導く際に用いられる.これを割り引かれたファインマン・カッツの定理と呼ぶ.なお,さらに一般に,条件付き期待値で定義された関数

$$g(x,t) = E[e^{-\int_t^T r(X_u,u)du}h(X_T)|X_t = x]$$

が,偏微分方程式

$$\frac{\partial}{\partial t}g(x,t) + \mathcal{L}_tg(x,t) - r(x,t)g(x,t) = 0 \qquad (3.37)$$

と終端条件

$$g(x,T) = h(x)$$

を満たすことが知られていて,これをファインマン・カッツの定理という.

3.3 金融の問題への応用

ここでは，金融への応用としてヨーロピアン・オプション価格の計算法と，拡散過程の推定法について議論を行う．

3.3.1 ブラック・ショールズ・モデル

市場では株式が取引されており，お金は好きなだけ貯金したり借りたりできるものとする．お金を貯金したり借りたりしたときの金利は r で，一定であるものとしよう．また，株式は好きなタイミングで好きなだけ購入でき，購入量もいくらでも細かい単位で取引することができるものとする（株式の取引単位は 1,000 株単位などと決まっているが，今回は議論を簡単にするためにどんなに細かい単位でも売買できると仮定している）．また，取引手数料や税金など売買にまつわる諸費用はかからないものとする．初期時点（時刻 0）で価格が s である株式があるものとする．株式の価格は確率微分方程式

$$dS_t = \mu S_t dt + \sigma S_t dB_t, \qquad S_0 = s \tag{3.38}$$

を満たすものとしよう．$f(x) = \log x$ として伊藤公式を用いると，$f'(x) = \frac{1}{x}$ および $f''(x) = -\frac{1}{x^2}$ が成り立つので，$\log S_t$ は確率微分方程式

$$d\log S_t = \frac{1}{S_t}\mu S_t dt + \frac{1}{2}\left(-\frac{1}{S_t^2}\right)\sigma^2 S_t^2 dt + \frac{1}{S_t}\sigma S_t dB_t = \left(\mu - \frac{\sigma^2}{2}\right)dt + \sigma dB_t$$

を満たす．よって

$$\log S_t = \log s + \int_0^t \left(\mu - \frac{\sigma^2}{2}\right)ds + \int_0^t \sigma dB_s = \log s + \left(\mu - \frac{\sigma^2}{2}\right)t + \sigma B_t$$

が成り立つ．すなわち

$$S_t = s\exp\left\{\left(\mu - \frac{\sigma^2}{2}\right)t + \sigma B_t\right\}$$

が成り立つ．また，初期時点で 1 円預金してお金を動かさないでおいた場合の時刻 t における預金額を P_t と書けば，預金の利回りは r なので常微分方程式

$$\frac{dP_t}{dt} = rP_t, \qquad P_0 = 1$$

を満たす．この方程式の解は $P_t = e^{rt}$ である．この市場で，株式を原資産とするオプションの取引が行われたとする．オプションの適切な値段を求めるというのがここでの目標である．

さて，ここで唐突にオプションという言葉が出てきたが，それがどういうものかを説明しよう．オプションとは金融派生商品とかデリバティブと呼ばれている金融商品の一つで，ある時点であらかじめ決められた価格で原資産（ここでは株式）を取引する金融商品である．金融派生商品とは，ある時点での原資産の価格によって支払額が決まる金融商品のことであると思えばよい．たとえば，ここでいうオプションとは，満期日（たとえば3ヶ月後）にあらかじめ決められた価格で金融商品を買う権利または売る権利のことである．たとえば，現在，日経平均株価が 15,000 円だったものとする．しかし，3ヶ月後の日経平均の価格は現在わからない．しかし，3ヶ月後に日経平均を 14,500 円で買いたいと思ったらオプションを買っておけばよいのである（日経平均自体は指数ではあるが，近年は指数自体を売買できるようになっている）．取引したい額，つまりここでいう 14,500 円を行使価格と呼ぶ．すると，3ヶ月後に日経平均がいくらであろうとも 14,500 円で日経平均を買う「権利」がもらえる訳である．ところで，「権利」とかぎ括弧を付けて強調したのは次のような理由である．たとえば，3ヶ月後に日経平均が 15,000 円になっていたら，オプションをもっていたら 15,000 円の日経平均を 14,500 円で手に入れることができる．その一方で，14,000 円になっていたらオプションは買う権利なので，権利を行使しなければ無理に 14,000 円の日経平均を 14,500 円支払って買う必要はないのである．このように書くと一見，オプションをもっている人はお得なことばかり起こるように見えるかもしれないが，このオプションはあらかじめ対価としてお金を支払わないと手に入れることができないのである．そこで，このオプションの適切な価格を知りたいという必要性に迫られる訳である．また，あらかじめ契約で決まった価格で原資産を購入する権利をコール・オプションと呼び，売る権利をプット・オプションと呼ぶ．実は，オプション自体たくさんの種類があり，上の記述のように満期日での原資産価格のみによって支払額が決まるオプションをヨーロピアン・オプションと呼ぶ．ちなみに，現在，日本で取引されているオプションの中では，大阪取引所で売買が行われている日経 225 オプション

が有名であるが，これはヨーロピアン・オプションである．また，国債 (JGB) 先物オプションは満期までの好きな時点で行使可能なアメリカン・オプションである．アメリカン・オプションは満期までの好きなタイミングで取引を終えることができるので，一般に数理的な解析が難しくなる．

説明が長くなったが，満期を T，行使価格 K のヨーロピアン・コール・オプションがあったとしよう．つまり，時刻 T において株式を K で買う権利のことである．オプションからもらえる額は時刻 T において原資産価格 S_T が K 以上だったら $S_T - K$ であり，K 以下だったら 0 となる．よって，ペイ・オフを関数 $\Phi(x)$ で表すと

$$\Phi(x) = \max\{x - K, 0\} = (x - K)^+$$

となる．なお，プット・オプションならば

$$\Phi(x) = \max\{K - x, 0\} = (K - x)^+$$

である．時刻 T における支払額の割引現在価値の期待値は

$$E[e^{-rT}\Phi(S_T)] \tag{3.39}$$

なので，これがオプション価格であると思うかもしれないが，残念ながらそれは正しくない．では，オプション価格はどのように計算されるのであろうか？それを考える前に，オプション価格を数学的に計算するということの意味をはっきりさせておこう．時刻 t ($0 \leq t \leq T$) で原資産価格が x であったとき，オプション価格が x と t の関数 $C(x,t)$ によって書けるものとする．この関数 $C(x,t)$ を求めれば，現時刻と現在の原資産価格を代入することでオプション価格がわかる．時刻 0 でのオプション価格 C は $C = C(s,0)$ と書けるし，時刻 t において原資産価格が S_t ならば，時刻 t でのオプション価格 C_t は $C_t = C(S_t, t)$ と書ける訳である．すなわち関数 $C(x,t)$ を求めればオプション価格がわかったことになる．さらにもう一つ，数理ファイナンスにおいてオプション価格式を導出する際に，どうしても理解しておかないといけないことがある．それは，金融商品をどのような組み合わせでもってみても，ただ得することはないという条件

を前提にした議論となっていることである．このための条件を無裁定条件という．どういうものであるかを簡単に説明しておこう．市場に n 個の証券 $1,\ldots,n$ があるとしよう．時刻 t における証券 i $(i=1,\ldots,n)$ の価格を，$S_i(t)$ とおく．ある個人の時刻 t における証券 $1,\ldots,n$ の保有量（ポートフォリオ）をそれぞれ $\phi_1(t),\ldots,\phi_n(t)$ とすると，この人の時刻 t における n 個の証券による資産価値 $W(t)$ は

$$W(t) = \phi_1(t)S_1(t) + \cdots + \phi_n(t)S_n(t) \tag{3.40}$$

で与えられる．無裁定条件とは，初期時点で資産価値が 0 または負の人[8] が証券を上手に売買したら確実に正の価値にできるなどという都合のよいポートフォリオはないことを仮定するのである．もう少し正確にいうと，無裁定条件は以下のように定義される．

定義 3.6 証券 $1,\ldots,n$ を $\phi_1(t),\ldots,\phi_n(t)$ ずつ保有する人の時刻 t における n 個の証券による資産価値 $W(t)$ は，式 (3.40) で与えられる．もし，このポートフォリオによる資産価格が

$$W(0) \leq 0, \ P[W(T) \geq 0] = 1, \ P[W(T) > 0] > 0$$

を満たすとき，取引戦略 $(\phi_1(t),\ldots,\phi_n(t))$ は裁定状態であるという．

オプションの理論価格は，裁定状態の金融取引戦略はないという過程の下で計算されることとなる．

もう一つだけ，数理ファイナンスでよく使われる「自己充足的」という用語について説明しておこう．時刻 $[t, t+dt]$ において，この保有量を組み替えないものとしよう．このとき，外からお金を加えたり，外にお金を抜いたりすることがないポートフォリオを自己充足的という．すなわち，同じ時刻においてこれら n 個の証券の価格がそれぞれ $ds_1(t),\cdots,ds_n(t)$ だけ変化するとなると，自己充足的なポートフォリオではこの人の資産価格は

$$dW(t) = \phi_1(t)dS_1(t) + \cdots + \phi_n(t)dS_n(t)$$

---

[8] つまり，一文無しであるか，それどころか借金もちの人のことである．

だけ変化することがわかる．

まず，満期日においてオプションの価値はオプションの支払額と等しいので

$$C(x, T) = \Phi(x) \tag{3.41}$$

が成り立つ．時刻 t のオプション価格 $C_t = C(S_t, t)$ に伊藤公式を用いると

$$dC_t = \left(\frac{\partial}{\partial t} C(S_t, t) + \mu S_t \frac{\partial}{\partial x} C(S_t, t) + \frac{\sigma^2}{2} S_t^2 \frac{\partial^2}{\partial x^2} C(S_t, t) \right) dt + \sigma S_t \frac{\partial}{\partial x} C(S_t, t) dB_t$$

となる．ここで，dC_t はいうなれば

$$dC_t = C_{t+dt} - C_t$$

であり，dC_t とは微小時間 $[t, t+dt]$ におけるオプション価格の変化の大きさであることに注意しよう．時刻 t において，株式 $-\Delta_t$ 単位とオプション 1 単位からなるポートフォリオをもっている人がいるとしよう．ポートフォリオは自己充足的であり，$[t, t+dt]$ の間はポートフォリオを組み替えたり，お金を外からもってきたり，使い込んだりしないものとする．時刻 t におけるこのポートフォリオの価値を Π_t と書くとすると，微小時間 $[t, t+dt]$ におけるポートフォリオの変化 $d\Pi_t$ は，オプションの価格変化からの変動分が dC_t であり，株式 $-\Delta_t$ 単位からの変化分が $-\Delta_t dS_t$ である．よって合計

$$\begin{aligned} d\Pi_t &= dC_t - \Delta_t dS_t \\ &= \left(\frac{\partial C}{\partial t}(S_t, t) + \mu S_t \frac{\partial C}{\partial x}(S_t, t) + \frac{\sigma^2}{2} S_t^2 \frac{\partial^2 C}{\partial x^2}(S_t, t) \right) dt + \sigma S_t \frac{\partial C}{\partial x}(S_t, t) dB_t \\ &\quad - \Delta_t (\mu S_t dt + \sigma S_t dB_t) \\ &= \left(\frac{\partial C}{\partial t}(S_t, t) + \mu S_t \left(\frac{\partial C}{\partial x}(S_t, t) - \Delta_t \right) + \frac{\sigma^2}{2} S_t^2 \frac{\partial^2 C}{\partial x^2}(S_t, t) \right) dt \\ &\quad + \sigma S_t \left(\frac{\partial C}{\partial x}(S_t, t) - \Delta_t \right) dB_t \end{aligned}$$

となる．ここで，Δ_t を常に $\frac{\partial C}{\partial x}(S_t, t)$ と等しくなるように選ぶと

$$d\Pi_t = \left(\frac{\partial C}{\partial t}(S_t, t) + \frac{\sigma^2}{2} S_t^2 \frac{\partial^2 C}{\partial x^2}(S_t, t) \right) dt \tag{3.42}$$

となる．ここで，式 (3.42) の右辺にはブラウン運動による項が入っておらず，このポートフォリオは確率的な変動はしていないことがわかる．つまり，リスクがないということである．リスクがないということは，預金しているのと同じなので，利回りは r でないといけない．もう少し正確に書こう．もし

$$\frac{\partial C}{\partial t}(S_t, t) + \frac{\sigma^2}{2} S_t^2 \frac{\partial^2 C}{\partial x^2}(S_t, t) > r\Pi_t \tag{3.43}$$

だったとする．時刻 $[t, t+dt]$ においてオプション，株式，預金の保有量を $(1, -\Delta_t, -\frac{\Pi_t}{P_t})$ となるように自己充足的なポートフォリオを組もう．時刻 t において，このようなポートフォリオは 0 円で組むことができる．一方，時刻 $t+dt$ では預金の価格は P_t から利子が付いて $P_t(1+rdt)$ に変化しているので

$$\left(\frac{\partial C}{\partial t}(S_t, t) + \frac{\sigma^2}{2} S_t^2 \frac{\partial^2 C}{\partial x^2}(S_t, t) - r\Pi_t \right) dt (> 0)$$

円だけ手元に残っている．よって $(1, -\Delta_t, -\frac{\Pi_t}{P_t})$ は裁定状態のポートフォリオである．もし，式 (3.43) の不等式の向きが逆ならば $(-1, \Delta_t, \frac{\Pi_t}{P_t})$ という戦略を考えれば裁定取引となる．よって，裁定はないという仮定で話をするとなると

$$\begin{aligned} d\Pi_t &= r\Pi_t dt = r(C(S_t, t) - \Delta_t S_t) dt \\ &= r \left(C(S_t, t) - \frac{\partial C}{\partial x}(S_t, t) S_t \right) dt \end{aligned} \tag{3.44}$$

が成り立つ．式 (3.42) と式 (3.44) の左辺は等しいので，結局

$$\left(\frac{\partial C}{\partial t}(S_t, t) + \frac{\sigma^2}{2} S_t^2 \frac{\partial^2 C}{\partial x^2}(S_t, t) \right) dt = r \left(C(S_t, t) - \frac{\partial C}{\partial x}(S_t, t) S_t \right) dt \tag{3.45}$$

が成り立つ．株価がいくらであろうとも式 (3.45) が成り立つことと終端条件 (3.41) より，関数 $C(x, t)$ は偏微分方程式

$$\frac{\partial C}{\partial t}(x, t) + rx \frac{\partial C}{\partial x}(x, t) + \frac{\sigma^2}{2} x^2 \frac{\partial^2 C}{\partial x^2}(x, t) = rC(x, t)$$

$$C(x, T) = \Phi(x)$$

を満たす．ファインマン・カッツの定理より，この偏微分方程式の解は期待値による表現

$$C(x,t) = E^Q[e^{-r(T-t)}\Phi(S_T^*)|S_t^* = x]$$

をもつことがわかる．ただし，S_t^* とは確率微分方程式

$$dS_t^* = rS_t^*dt + \sigma S_t^*dB_t^*, \qquad S_0^* = s \qquad (3.46)$$

を満たすものとする．確率微分方程式 (3.38) と比べると，ドリフト項が μ から r に変わっていることに注意すること．また，期待値が E^Q と書かれているがこれはのちほど説明を行う．ここで，B_t^* は新しいブラウン運動である．特に時刻 0 におけるオプション価格 $C = C(s,0)$ は

$$C = E^Q[e^{-rT}\Phi(S_T^*)] \qquad (3.47)$$

となる．ここで，式 (3.47) をもう少し計算してみよう．

$$S_T^* = s\exp\left(\left(r - \frac{\sigma^2}{2}\right)T + \sigma B_T^*\right)$$

と $B_T^* \sim N(0,T)$ より

$$\begin{aligned}
C &= E^Q\left[e^{-rT}\Phi\left(s\exp\left(\left(r - \frac{\sigma^2}{2}\right)T + \sigma B_T^*\right)\right)\right] \\
&= \int_{-\infty}^{\infty} e^{-rT}\Phi(se^{(r-\frac{\sigma^2}{2})T+\sigma x})\frac{1}{\sqrt{2\pi T}}\exp\left(-\frac{x^2}{2T}\right)dx \qquad (3.48)
\end{aligned}$$

ここで新しい変数 y を

$$y = x + \frac{r-\mu}{\sigma}T$$

とおくと $B_T \sim N(0,T)$ だったので，式 (3.48) は

$$\begin{aligned}
C &= \int_{-\infty}^{\infty} e^{-rT}\Phi(se^{(\mu-\frac{\sigma^2}{2})T+\sigma y})\frac{1}{\sqrt{2\pi T}}\exp\left(-\frac{y^2}{2T}\right)\exp\left(\frac{r-\mu}{\sigma}y - \frac{1}{2}\left(\frac{r-\mu}{\sigma}\right)^2 T\right)dy \\
&= E\left[e^{-rT}\Phi\left(s\exp\left(\left(\mu - \frac{\sigma^2}{2}\right)T + \sigma B_T\right)\right)\exp\left(\frac{r-\mu}{\sigma}B_T - \frac{1}{2}\left(\frac{r-\mu}{\sigma}\right)^2 T\right)\right] \\
&= E\left[e^{-rT}\Phi(S_T)\frac{dQ}{dP}\right] \qquad (3.49)
\end{aligned}$$

と書ける．ただし，$\frac{dQ}{dP}$ とは

$$\frac{dQ}{dP} = \exp\left(\frac{r-\mu}{\sigma}B_T - \frac{1}{2}\left(\frac{r-\mu}{\sigma}\right)^2 T\right)$$

であり，式 (3.49) 中の S_T は元々の確率微分方程式 (3.38) に対する S_T である（つまり式 (3.46) から求められた S_T^* ではない）．ここで，当初予想したオプション価格の式 (3.39) と比べると異なっていることがわかる．よって，式 (3.39) は誤りということがわかった．ところで，式 (3.47) と式 (3.49) を見比べるとすでに指摘のとおりいくつかのことに気が付く．式 (3.47) では時刻 T におけるブラウン運動の値が $B(T)$ から $B^*(T)$ になっており，株価も S_T から S_T^* になっている．さらに，期待値の記号も $E[\cdot]$ から $E^Q[\cdot]$ に書き換えていることに注意が必要である．これらが何かを説明したい．B_T に対する「確率」Q を

$$\begin{aligned} Q[B_T \in A] &= E\left[1_A(B_T)\frac{dQ}{dP}\right] \\ &= \int_A \exp\left(\frac{r-\mu}{\sigma}x - \frac{1}{2}\left(\frac{r-\mu}{\sigma}\right)^2 T\right)\frac{1}{\sqrt{2\pi T}}\exp\left(-\frac{x^2}{2T}\right)dx \\ &= \int_A \frac{1}{\sqrt{2\pi T}}\exp\left(-\frac{(x-\frac{r-\mu}{\sigma}T)^2}{2T}\right)dx \quad (3.50) \end{aligned}$$

として定義することにする．ここで，関数 $1_A(x)$ はインディケーター関数で，もし $x \in A$ ならば $1_A(x) = 1$ であり，そうでなければ $1_A(x) = 0$ となる関数である．明らかに $Q[B_T \in A]$ は正の値をとり，また，全確率 $Q[B_T \in (-\infty, \infty)]$ は式 (3.50) より

$$Q[B_T \in (-\infty, \infty)] = \int_{-\infty}^{\infty} \frac{1}{\sqrt{2\pi T}}\exp\left(-\frac{(x-\frac{r-\mu}{\sigma}T)^2}{2T}\right)dx = 1$$

で 1 と等しい．よって，Q は形式的に確率の要件を満たしている．前に少しだけ断りを入れた $E^Q[\cdot]$ とは，この新しい「確率」Q に対する期待値であった．また，積分 (3.50) を見ると B_T は平均 $\frac{r-\mu}{\sigma}T$ 分散 T の正規分布になっている．このことから，$B_T - \frac{r-\mu}{\sigma}T$ は，確率 Q の下で平均 0 の正規分布に従っていることがわかる．実は，さらに強く $B_t - \frac{r-\mu}{\sigma}t$ が確率 Q におけるブラウン運動になっていることが知られている．これら一連の結果は，ギルザノフ・丸山の定理として確率解析の本にまとめられている．詳細はそれらの本を参照してほしい．なお，株式価格の満たす確率微分方程式は

$$dS_t = \mu S_t dt + \sigma S_t dB_t = rS_t dt + \sigma S_t \left(dB_t - \frac{r-\mu}{\sigma} dt \right)$$

であることがわかるが，確率 Q の下では $\sigma S_t(dB_t - \frac{r-\mu}{\sigma}dt)$ の項がブラウン運動による確率積分の項となる．そこで，新しい確率過程を $B_t^* = B_t - \frac{r-\mu}{\sigma}t$ と書くことにすれば，B_t^* は Q におけるブラウン運動となり，株式の確率微分方程式 (3.38) は

$$dS_t = rS_t dt + \sigma S_t dB_t^*, \qquad S_0 = s$$

となる．これは式 (3.46) と全く同じ形の確率微分方程式である．すなわちこの確率微分方程式の解が S_t^* だったのである．確率 Q の下では株価の価格は式 (3.46) で与えられることがわかった．なお，新しい確率 Q のことを数理ファイナンスではリスク中立確率測度と呼ぶ．これでデリバティブの価格評価をするときは，元の確率 P ではなくリスク中立確率測度 Q の下で割引現在価値を求めればデリバティブの価格が求まることもわかった．

最後に，コール・オプションの場合の初期時点での価格 (3.49) を実際にもう少し詳しく計算してみよう．ただしコール・オプションなので，ペイ・オフ関数は $\Phi(x) = (x - K)^+$ となる．確率微分方程式 (3.46) を解くと

$$S_T^* = s \exp\left(\left(r - \frac{\sigma^2}{2} \right)T + \sigma B_T^* \right)$$

なので，コール・オプション価格は

$$\begin{aligned}
C &= E^Q \left[e^{-rT} \left(s \exp\left(\left(r - \frac{\sigma^2}{2} \right)T + \sigma B_T^* \right) - K \right)^+ \right] \\
&= e^{-rT} \int_{-\infty}^{\infty} \left(s \exp\left(\left(r - \frac{\sigma^2}{2} \right)T + \sigma x \right) - K \right)^+ \frac{1}{\sqrt{2\pi T}} \exp\left(-\frac{x^2}{2T} \right) dx \\
&= e^{-rT} \int_{-\infty}^{\infty} \left(s \exp\left(\left(r - \frac{\sigma^2}{2} \right)T + \sigma\sqrt{T} x \right) - K \right)^+ \frac{1}{\sqrt{2\pi}} \exp\left(-\frac{x^2}{2} \right) dx
\end{aligned}$$
(3.51)

となる．$s\exp((r - \frac{\sigma^2}{2})T + \sigma\sqrt{T}x) - K \geq 0$ は $x \geq \frac{\log\frac{K}{s} - (r - \frac{\sigma^2}{2})T}{\sigma\sqrt{T}}$ と同値である．そこで

とおけば式 (3.51) は

$$d = \frac{\log \frac{K}{s} - (r - \frac{\sigma^2}{2})T}{\sigma\sqrt{T}}$$

$$\begin{aligned}
C &= e^{-rT}\int_d^\infty \left(s\exp\left(\left(r-\frac{\sigma^2}{2}\right)T + \frac{\sigma}{\sqrt{T}}x\right) - K\right)\frac{1}{\sqrt{2\pi}}\exp\left(-\frac{x^2}{2}\right)dx \\
&= e^{-rT}\int_d^\infty s\frac{1}{\sqrt{2\pi}}\exp\left(\left(r-\frac{\sigma^2}{2}\right)T + \frac{\sigma}{\sqrt{T}}x - \frac{x^2}{2}\right)dx \\
&\quad - e^{-rT}K\int_d^\infty \frac{1}{\sqrt{2\pi}}\exp\left(-\frac{x^2}{2}\right)dx \\
&= s\int_d^\infty \frac{1}{\sqrt{2\pi}}\exp\left(-\frac{1}{2}\left(x-\frac{\sigma}{\sqrt{T}}\right)^2\right)dx - e^{-rT}K\int_d^\infty \frac{1}{\sqrt{2\pi}}\exp\left(-\frac{x^2}{2}\right)dx
\end{aligned}$$

となる．一つ目の積分 S_1 は $y = x - \sigma\sqrt{T}$ と変数変換して

$$S_1 = s\int_{d-\frac{\sigma}{\sqrt{T}}}^\infty \frac{1}{\sqrt{2\pi}}\exp\left(-\frac{1}{2}y^2\right)dy = s\left(1 - N\left(d - \frac{\sigma}{\sqrt{T}}\right)\right) = sN\left(-d + \frac{\sigma}{\sqrt{T}}\right)$$

となる．ただし，最後の計算で公式 $1 - N(x) = N(-x)$ を使った[9]．また，二つ目の積分 S_2 は

$$S_2 = e^{-rT}K\int_d^\infty \frac{1}{\sqrt{2\pi}}\exp\left(-\frac{1}{2}x^2\right)dx = e^{-rT}K(1 - N(d)) = e^{-rT}KN(-d)$$

と計算できる．ここで，$-d + \sigma\sqrt{T}$ および $-d$ を d_1 および d_2 とおく．すなわち

$$\begin{aligned}
d_1 &= -d + \frac{\sigma}{\sqrt{T}} = \frac{\log(\frac{s}{K}) + \left(r + \frac{\sigma^2}{2}\right)T}{\sigma\sqrt{T}}, \\
d_2 &= -d = \frac{\log\left(\frac{s}{K}\right) + \left(r - \frac{\sigma^2}{2}\right)T}{\sigma\sqrt{T}}
\end{aligned}$$

---

[9] 図を書いてみるとほぼ自明であるが，計算でも簡単に出てくる．Z を標準正規分布に従う確率変数とする．

$$1 - N(x) = P[Z \geq x] = \int_x^\infty \frac{1}{\sqrt{2\pi}}e^{-\frac{y^2}{2}}dy$$

となる．$s = -y$ と変数変換すると，上の式はさらに

$$-\int_{-x}^{-\infty}\frac{1}{\sqrt{2\pi}}e^{-\frac{s^2}{2}}ds = \int_{-\infty}^{-x}\frac{1}{\sqrt{2\pi}}e^{-\frac{s^2}{2}}ds = N(-x)$$

と計算できる．

となる.よって,時刻 0 におけるヨーロピアン・オプション価格は

$$C = sN(d_1) - Ke^{-rT}N(d_2)$$

であることがわかった.

3.3.2 確率微分方程式のパラメータ推定

　ここでは,離散間隔でサンプリングされるデータを確率微分方程式にあてはめることを考える.その際に必要となる確率微分方程式のパラメータ推定の方法について,簡単に議論を行いたい.近年,確率微分方程式の推定問題は数理的にも高度化しているが,ここでは極めて初歩的な部分についてのみ確認を行う.さらなる発展的な内容については西山 (2011) などを参照するとよい.確率微分方程式の推定問題では,データが連続的にサンプリングされる場合または,離散的にサンプリングされる場合について考察される.ここでは,離散的にサンプリングされる場合の推定方法について議論を行いたい.いま,確率微分方程式

$$dX_t = \mu(X_t, \theta)dt + \sigma(X_t, \theta)dB_t$$

からサンプリングされるデータが,時刻 $i\Delta t$ $(i=1,\ldots,N)$ において観測されるものとする.ここで,$\theta = (\theta_1, \ldots, \theta_p)$ は未知のパラメータである.簡略化のために $X_{i\Delta t}$ のことを単に X_i と書くこととしたい.初期時点の値の確率密度 $p_\theta(x)$ と時刻 $(i-1)\Delta t$ におけるデータ x_{i-1} が既知だったという条件の下で,$i\Delta t$ での値,X_i の確率密度が $p_\theta(x|x_{i-1})$ と書けるとする.時刻 $0, \Delta t, 2\Delta t, \ldots, N\Delta t$ における確率微分方程式からの実現値(データ)$x_0, x_1, \ldots, x_N$ が与えられれば尤度関数 $L(\theta; x_0, x_1, \ldots, x_N)$ は

$$L(\theta; x_0, x_1, \ldots, x_N) = p_\theta(x_0) \prod_{i=1}^{N} p_\theta(x_i|x_{i-1})$$

となる.さらに,対数尤度は

$$l(\theta; x_0, x_1, \ldots, x_N) = \log\bigl(p_\theta(x_0)\bigr) + \sum_{i=1}^{N} \log\bigl(p_\theta(x_i|x_{i-1})\bigr)$$

となる．このままでは初期分布の決め方に困る．定常分布をもつ確率過程を考えるのならば，$p_\theta(x)$ に定常分布の密度関数を用いるのも一案であるが，N が大きいときには初期値に対する依存性が小さくなることを鑑み，$\log(p_\theta(x_0)) = 0$ として計算を行うこととする．すると関数 $p_\theta(x|y)$ がわかれば近似的な対数尤度が求まることとなる．一番簡単な例はドリフト付きのブラウン運動

$$dX_t = mdt + \sigma dB_t \tag{3.52}$$

である．時刻 $(i-1)\Delta t$ において $X_{(i-1)\Delta t}$ の値（実現値）が y であれば，時刻 $i\Delta t$ での値 $X_{i\Delta t}$ は，平均 $y + m\Delta t$ で分散 $\sigma^2 \Delta t$ の正規分布に従う．よって，$p_\theta(x|y)$ は

$$p_\theta(x|y) = \frac{1}{\sqrt{2\pi\sigma^2 \Delta t}} \exp\left(-\frac{(x - y - m\Delta t)^2}{2\sigma^2 \Delta t}\right)$$

となる．

次に，ブラック・ショールズ・モデル

$$dS_t = S_t(\mu dt + \sigma dB_t)$$

の推定法を考えてみる．ブラック・ショールズの確率微分方程式から時刻 $0, \ldots, N\Delta t$ におけるデータ $s_0, \ldots, s_N$ が得られたとする．伊藤公式を用いて対数をとると

$$d\log S_t = \left(\mu - \frac{\sigma^2}{2}\right) dt + \sigma dB_t$$

となる．$m = \mu - \frac{\sigma^2}{2}$ とおく．すると

$$d\log S_t = mdt + \sigma dB_t$$

のような式 (3.52) と同じ形のドリフトの付いたブラウン運動となる．対数収益率へと変数変換したデータ $x_1 = \log s_1 - \log s_0, \ldots, x_N = \log s_N - \log s_{N-1}$ を用いると，対数尤度関数は

$$l(\theta; x_0, x_1, \ldots, x_N) = -\frac{N}{2}\log(2\pi\sigma^2 \Delta t) - \sum_{i=1}^{N} \frac{(x_i - m\Delta t)^2}{2\sigma^2 \Delta t}$$

となる．この式から m と σ^2 の最尤推定量 $\hat{m}$ と $\hat{\sigma^2}$ を求める．正規分布の最尤推定量を求めたのと同じ手順により

$$\hat{m} = \sum_{i=1}^{N} \frac{x_i}{N\Delta t}, \qquad \hat{\sigma^2} = \sum_{i=1}^{N} \frac{(x_i - \hat{m}\Delta t)^2}{N\Delta t}$$

となる[10]．この結果よりドリフトの推定量として

$$\hat{\mu} = \hat{m} + \frac{1}{2}\hat{\sigma^2}$$

が得られる．

また，オルンシュタイン＝ウーレンベック過程

$$dY_t = -cY_t dt + \sigma dB_t$$

を推定する場合は次のように考える．時刻 $(i-1)\Delta t$ において $Y_{(i-1)\Delta t}$ の値が y であれば，時刻 $i\Delta t$ での値 $Y_{i\Delta t}$ は平均 m および分散 s^2 がそれぞれ

$$m(y;c,\sigma) = e^{-c\Delta t}y, \qquad s^2(y;c,\sigma) = \frac{\sigma^2}{2c}(1 - e^{-2c\Delta t})$$

であるような正規分布 $N(m(y;c,\sigma), s^2(y;c,\sigma))$ に従う確率変数である．よって，

$$p_\theta(x|y) = \frac{1}{\sqrt{2\pi s^2(y;c,\sigma)}} \exp\left(-\frac{(x - m(y;c,\sigma))^2}{2s^2(y;c,\sigma)}\right)$$

が成り立つ．このことから尤度関数が計算できる．

それでは一般の確率微分方程式

$$dX_t = \mu(X_t, \theta)dt + \sigma(X_t, \theta)dB_t \tag{3.53}$$

のパラメータ推定はどのように行えばよいのであろうか？　一番簡単なアイデアは，確率微分方程式 (3.53) を離散近似し

---

[10] パラメータ σ^2 はひとかたまりと思って微分をとっている．また $\hat{\sigma^2}$ は不偏推定量を考えるならば $\sum_{i=1}^{N} \frac{(x_i - \hat{m}\Delta t)^2}{(N-1)\Delta t}$ とする．

$$X_{t+\Delta t} - X_t \approx \mu(X_t, \theta)\Delta t + \sigma(X_t, \theta)(B_{t+\Delta t} - B_t)$$

の形とするものである.一方で,$B_{t+\Delta t} - B_t$ は平均 0 および分散 Δt の正規分布に従う.時刻 t から $t+\Delta t$ の間は X_t は「止まっている」ものとすると,時刻 t での X_t の値が y で与えられれば,$X_{t+\Delta t}$ の分布は平均 $y + \mu(y,\theta)\Delta t$,分散 $\sigma^2(y,\theta)\Delta t$ の正規分布で近似される.よって,密度 $p_\theta(x|y)$ は

$$p_\theta(x|y) \approx \frac{1}{\sqrt{2\pi\Delta t \sigma^2(y,\theta)}} \exp\left(-\frac{(x-y-\mu(y,\theta)\Delta t)^2}{2\sigma^2(y,\theta)\Delta t}\right) \qquad (3.54)$$

と近似される.近似密度 (3.54) を用いて尤度関数の近似式を作ると

$$L(\theta; x_0, \ldots, x_N) = p_\theta(x_1|x_0) \cdots p_\theta(x_N|x_{N-1})$$

となる.この近似的な尤度関数を最大化することでパラメータを推定する方法をオイラー法という.オイラー法は簡便でわかりやすい方法であるが,データのサンプリング頻度 Δt が大きい場合はよい推定結果を導かないことがある.

そこで,尤度関数の近似をよくするような別の推定方法を考えよう.以下の議論は局所線形化と呼ばれる方法であり,庄司・尾崎 (1996) などを参照にするとよい.いま,確率微分方程式

$$dX_t = f(X_t, t)dt + g(X_t)dB_t \qquad (3.55)$$

の推定問題を考える.$Y_t = \phi(X_t)$ という変数変換をすると,伊藤公式から

$$dY_t = \left(f(X_t,t)\frac{\partial \phi}{\partial x}(X_t) + \frac{g^2}{2}(X_t)\frac{\partial^2 \phi}{\partial x^2}(X_t)\right)dt + g(X_t)\frac{\partial \phi}{\partial x}(X_t)dB_t$$

となる.そこで,ある定数 σ を用いて $g(x)\frac{\partial \phi}{\partial x}(x) = \sigma$ となるような関数 $\phi(x)$ を見つけてくることができれば,Y_t の確率微分方程式の拡散項の係数は定数となる.必要があれば方程式とデータを関数 $\phi(x)$ によってあらかじめ変数変換してパラメータ推定を行えばよい.よって,初めから

$$dY_t = \mu(Y_t, t)dt + \sigma dB_t \qquad (3.56)$$

という確率微分方程式の推定問題を考える．ここで，$\mu(y,t)$ が線形関数（すなわち $\mu(y,t) = ay + bt + c$）ならば，オルンシュタイン＝ウーレンベック過程の推定と同様にパラメータの推定ができる．一方で，線形でない場合は $\mu(y,t)$ を線形関数で近似する必要性がある．そこで，$Z_t = \mu(Y_t, t)$ として伊藤公式を用いると

$$\begin{aligned}
dZ_t &= d\mu(Y_t, t) = \left(\frac{\partial \mu}{\partial t}(Y_t, t) + \mu(Y_t, t)\frac{\partial \mu}{\partial y}(Y_t, t) + \frac{\sigma^2}{2}\frac{\partial^2 \mu}{\partial y^2}(Y_t, t)\right) dt \\
&\quad + \sigma \frac{\partial \mu}{\partial y}(Y_t, t) dB_t \\
&= \left(\frac{\partial \mu}{\partial t}(Y_t, t) + \frac{\sigma^2}{2}\frac{\partial^2 \mu}{\partial y^2}(Y_t, t)\right) dt + \frac{\partial \mu}{\partial y}(Y_t, t) dY_t
\end{aligned}$$

となる．ここで，オイラー法と同様に時刻 s から $s + \Delta s$ の間は確率微分方程式の係数が定数であるものと仮定すれば，$t \in [s, s + \Delta s]$ において $\mu(Y_t, t)$ は

$$\mu(Y_t, t) \approx \mu(Y_s, s) + \left(\frac{\partial \mu}{\partial t}(Y_s, s) + \frac{\sigma^2}{2}\frac{\partial^2 \mu}{\partial y^2}(Y_s, s)\right)(t - s) + \frac{\partial \mu}{\partial y}(Y_s, s)(Y_t - Y_s)$$

のように近似できる．これを用いて Y_t の確率微分方程式を近似すると

$$dY_t \approx (L_s Y_t + M_s t + N_s) dt + \sigma dB_t$$

となる．ただし，

$$\begin{aligned}
L_s &= \frac{\partial \mu}{\partial y}(Y_s, s), \\
M_s &= \frac{\sigma^2}{2}\frac{\partial^2 \mu}{\partial y^2}(Y_s, s) + \frac{\partial \mu}{\partial t}(Y_s, s), \\
N_s &= \mu(Y_s, s) - \frac{\partial \mu}{\partial y}(Y_s, s) \cdot Y_s - \left\{\frac{\sigma^2}{2}\frac{\partial^2 \mu}{\partial y^2}(Y_s, s) + \frac{\partial \mu}{\partial t}(Y_s, s)\right\} s
\end{aligned}$$

となる．時刻 s から $s + \Delta s$ の間における近似解を計算することができて

$$Y_t \approx Y_s + \frac{\mu(Y_s, s)}{L_s}(e^{L_s(t-s)} - 1) + \frac{M_s}{L_s^2}(e^{L_s(t-s)} - 1 - L_s(t-s)) + \sigma \int_s^t e^{L_s(t-u)} dB_u$$

となる．最終項の確率積分は（L_s を定数として近似しているため）正規分布に従っているので，Y_t の分布は正規分布を用いて近似されることとなる．このこ

とから，Y_t が確率微分方程式 (3.56) に従っていて，時刻 $0, \Delta t, 2\Delta t, \ldots, N\Delta t$ においてデータ $y_0, y_1, y_2, \ldots, y_N$ がサンプリングされたならば，対数尤度関数は次のように近似され，

$$\log(p(y_0, y_1, \ldots, y_N)) = \sum_{n=1}^{N} \log(p(y_n|y_{n-1})) + \log(p(y_0))$$

$$= -\frac{1}{2} \sum_{n=1}^{N} \left\{ \frac{(y_n - E_{n-1})^2}{V_{n-1}} + \log(2\pi V_{n-1}) \right\} + \log(p(y_0))$$

と書けることがわかる．ただし，

$$E_n = y_n + \frac{\mu(y_n, n\Delta t)}{L_n}(e^{L_n\Delta t} - 1) + \frac{M_n}{L_n^2}\{(e^{L_n\Delta t} - 1) - L_n\Delta t\},$$

$$V_n = \frac{(e^{2L_n\Delta t} - 1)}{2L_n}\sigma^2,$$

$$L_n = \frac{\partial \mu}{\partial y}(y_n, n\Delta t),$$

$$M_n = \frac{\sigma^2}{2}\frac{\partial^2 \mu}{\partial y^2}(y_n, n\Delta t) + \frac{\partial \mu}{\partial t}(y_n, n\Delta t)$$

である．オイラー法のときと同じく $\log(p(y_0)) = 0$ と近似すれば，対数尤度関数の近似関数

$$-\frac{1}{2} \sum_{n=1}^{N} \left\{ \frac{(y_n - E_{n-1})^2}{V_{n-1}} + \log(2\pi V_{n-1}) \right\}$$

を最大化することで確率微分方程式 (3.56) のパラメータが推定できることがわかる．

ところで，確率微分方程式 (3.55) からサンプリングされたデータにおける推定問題を考える場合は，少し注意が必要である．拡散項を表現する関数 $g(\cdot)$ の形が完全にわかっていて，どのような $\phi(\cdot)$ を用いればよいかわかる場合は単純に上の結果を用いて推定すればよい．ところが $g(\cdot)$ のパラメータによって関数 $\phi(\cdot)$ が変わる場合は，このパラメータも推定して選ばないといけない．よって，もう一つステップが必要となる．X_t の満たす確率微分方程式 (3.55) からのサンプリング・データを $x_0, x_1, x_2, \ldots, x_N$ としよう．元の確率微分方程式 (3.55) および変換後の確率微分方程式よりサンプリングされたデータ $(x_0, x_1, x_2, \ldots, x_N)$ と $(y_0, y_1, y_2, \ldots, y_N)$ の同時密度関数をそれぞれ $p(x_0, x_1, \ldots, x_N)$ および $p(y_0, y_1, \ldots, y_N)$ と書くこと

にすると，

$$p(x_0, x_1, \ldots, x_N) = p(y_0, y_1, \ldots, y_N) \left| \frac{\partial(y_0, y_1, \ldots, y_N)}{\partial(x_0, x_1, \ldots, x_N)} \right|$$

と書ける．ただし $\left| \frac{\partial(y_0, y_1, \ldots, y_N)}{\partial(x_0, x_1, \ldots, x_N)} \right|$ はヤコビアンで

$$\left| \frac{\partial(y_0, y_1, \ldots, y_N)}{\partial(x_0, x_1, \ldots, x_N)} \right| = \prod_{n=0}^{N} \left| \frac{d\phi}{dx} \right|_{x=x_n}$$

である．よって，対数尤度関数 $\log(p(x_0, x_1, \ldots, x_N))$ は

$$\mu(x, t) = f(x, t) \frac{\partial \phi}{\partial x}(x) + \frac{g^2(x)}{2} \frac{\partial^2 \phi}{\partial x^2}(x)$$

となる $\mu(x, t)$ を用いて

$$\begin{aligned}
\log\bigl(p(x_0, x_1, \ldots, x_N)\bigr) &= \sum_{n=1}^{N} \log\bigl(p(y_n | y_{n-1})\bigr) + \log\bigl(p(y_0)\bigr) \\
&= -\frac{1}{2} \sum_{n=1}^{N} \left\{ \frac{(y_n - E_{n-1})^2}{V_{n-1}} + \log(2\pi V_{n-1}) \right\} + \log\bigl(p(y_0)\bigr) \\
&\quad + \sum_{n=0}^{N} \log \left(\left| \frac{d\phi}{dx} \right|_{x=x_n} \right)
\end{aligned}$$

と書ける．この式を最大化すれば（近似的な）最尤推定が可能である．ただし x_n と y_n の間には $y_n = \phi(x_n)$ という関係がある．推定結果などは庄司・尾崎 (1996) などを参照のこと．

4

保険料算出原理

　本章では，将来保険会社が支払わないといけない保険金（リスク）に対してどの程度顧客から保険料を受け取るべきかについて議論を行いたい．まず，保険料を決める際に成り立ってほしい性質をいくつか挙げ，どのように保険料を決めるとそれらの性質が（なるべく多く）成り立つかについて考察を行う．後半では，このようにして得られた保険料の決定法の一つである指数原理が保険商品の価格評価にどのように用いられるかについて考える．

4.1　保険料算出原理

　まず，保険料算出原理を説明する前に，その基礎の一つとなる効用関数の説明を行う．

4.1.1　効用関数

　経済学では，ある財に対する満足度を測る必要性が出てくることがよくある．効用関数とは，ある財にどの程度満足するのかを表現する関数である．もう少し正確にいうと，効用は財の量を実数（満足度）に写す関数である．たとえば n 種類の財をもとに分析を行うならば，ある n 次元の関数

$$u = u(q_1, \ldots, q_n) \tag{4.1}$$

を考える．n 種類の財，たとえば，りんご，みかん，... があり，それぞれ q_1 個，q_2 個，... をもっている個人がいたものする．この人の効用 u を式 (4.1) のよう

に関数 $u(q_1, q_2, \ldots)$ で表そうということである．ここでは，お金のやりとりの話のみに焦点を当てていくので，一種類の財，すなわちお金に対する満足度のみを考える．すなわち，お金の額 x に対する満足度を表現する効用を

$$u = u(x)$$

で表現するものとする．関数 $u(\cdot)$ は単調増加な強凹関数，つまり関数 $u(\cdot)$ の 1 階および 2 階導関数を考えると関係式

$$u'(x) > 0, \qquad u''(x) < 0 \qquad (4.2)$$

を満たすものとする．1 階微分が正なので，お金に対する満足度はお金の量が増えるほど大きくなるが，2 階微分が負なので，お金をたくさんもっている人のお金が増えたときの満足度の増大分は，お金を少ししかもっていない人より小さいという仮定を入れていることとなる．関数 $r(x)$ を

$$r(x) = -\frac{u''(x)}{u'(x)}$$

で定義し，リスク回避度と呼ぶ．$r(x) > 0, r(x) = 0, r(x) < 0$ の場合，それぞれをリスク回避的，リスク中立的，リスク愛好的と呼ぶ．この本においては経済主体は仮定 (4.2) より，リスク回避的な経済主体のみを考える．効用関数が定義されたことで，ある決まった金額のお金をもっていることに対する満足度を求めることができるようになった．一方，保険の問題のように，将来の保険支払額が確率変数で与えられていて，現在はそれがいくらになるかがわからない問題についてはどのように満足度を測ればよいだろうか？　たとえば，将来の所得が確率変数 X で与えられたものとする．すると将来時点での効用は $u(X)$ となる．しかし，X は確率的に値が一つ決まるものであり，現在の満足度を測ることはできない．そこで，現在の効用は将来得られる金額 X に対する効用の期待値で測るという仮定をおく．すなわち将来の所得 X の効用を，$E[u(X)]$ で決めるものとする．このような考え方による分析法を期待効用理論と呼ぶ．さて，期待効用理論による分析を行うにあたり次のジェンセンの不等式を紹介しよう．

定理 4.1

関数 $u(\cdot)$ は $u''(x) < 0$ を満たすものとする．すると

$$E[u(X)] \leq u(E[X])$$

が成り立つ．

証明　関数 $u = u(x)$ をテイラー展開すると

$$u(x) = u(a) + u'(a)(x-a) + \frac{1}{2}u''(\alpha)(x-a)^2$$

となる．ただし，α は a と x の間にある定数．仮定より $u''(\alpha) < 0$ が成り立つので

$$u(x) \leq u(a) + u'(a)(x-a)$$

がいえた．ここで，x に X を代入し，$a = E[X]$ とすると

$$u(X) \leq u(E[X]) + u'(E[X])(X - E[X])$$

となり，両辺に期待値をとると

$$E[u(X)] \leq u(E[X]) + u'(E[X])E[X - E[X]] = u(E[X])$$

が成り立つ．　□

保険会社が初期資産 W をもっているものとする．この保険会社が売る保険の保険金の期末における支払い額が，確率変数 X で与えられるとする．保険会社の効用関数が $u(\cdot)$ で与えられ，期待効用理論の下で考察を行う．このとき，この保険会社が期初に受け取りたいと考える保険料を Π_X とすると，Π_X は次の不等式

$$u(W) \leq E[u(W + \Pi_X - X)] \tag{4.3}$$

を満たす．これは次のように考えればわかる．保険を売らなかった場合，期末の資産は W である．一方，保険会社が保険を売れば売った時点で保険料 Π_X が入ってくるが，期末に X の保険金支払いがある．このことから，期末の資産額は $W + \Pi_X - X$ と等しい．いま，保険会社の効用は期待効用原理を満たすものとする．保険を売らなかった場合と売った場合のそれぞれの効用は $u(W)$ およ

び $E[u(W + \Pi_X - X)]$ となる．満足度を減らしてまで保険を売る必要性はないので，結局不等式 (4.3) を満たすこととなる．また，保険会社が最低限ほしい保険料 Π は

$$u(W) = E[u(W + \Pi - X)] \qquad (4.4)$$

の解で与えられる．関数 $u(\cdot)$ は凹関数なので，ジェンセンの不等式を用いることができて

$$u(W) = E[u(W + \Pi - X)] \leq u(E[W + \Pi - X]) = u(W + \Pi - E[X])$$

が成り立つ．なお，保険料 Π は期初に払うもので確率変数ではないことに注意すること．ここで，$u(\cdot)$ は単調増加関数なので，$W \leq W + \Pi - E[X]$ が成り立っている．Π は保険会社が最低限ほしいと考えている保険料なので，実際の保険料 Π_X よりは小さく $\Pi \leq \Pi_X$ が成り立つはずである．すべて合わせれば

$$E[X] \leq \Pi \leq \Pi_X$$

が成り立つ．すなわちこの設定の下では，保険料は将来支払う保険金の期待額より大きいことがわかる．

効用関数の考え方を再保険の話に応用してみよう．以下の話題は Dickson(2005) による．たとえば，保険会社が再保険会社と契約期間 1 年間のエクセス・ロス型再保険の契約をしたものとしよう．1 章で述べたとおり，エクセス・ロス型再保険は保険会社の損害額 X（すなわち保険会社の災害などによる損失に対する保険金支払い）に対してあらかじめ決められた値 α（エクセス・レート）を決めておき，損失のうち α を超えた分については $X - \alpha$ だけ補てんをする契約である．1 年間の保険支払いの回数は強度 λ のポアソン分布に従い，保険会社の 1 回ずつの保険金支払額は独立で同一な分布に従うものとしよう．保険金支払額は確率密度関数 $f(\cdot)$ をもつ確率変数とする（分布関数は $F(x)$ とする）．すると，再保険会社が保険会社に支払わないといけない保険金総額の期待値は

$$\lambda \int_\alpha^\infty (x - \alpha) f(x) dx$$

で与えられる．保険料は支払い総額の期待値の $1 + \theta$ 倍であるものとすると（後

述の期待値原理),再保険料は

$$P_r = (1+\theta)\lambda \int_\alpha^\infty (x-\alpha)f(x)dx$$

で与えられる.また,保険会社の資産額を W,保険料収入を P とし,(再保険からの受け取りを考えた上での実質的な)保険金支払額を S としよう.すると保険会社の1年後の資産額は

$$W + P - P_r - S$$

となる.保険会社の効用関数は指数効用関数

$$u(x) = -\frac{1}{\beta}e^{-\beta x}$$

で与えられたとする.期待効用を考えるならば1年後の期待効用は

$$u(W + P - P_r - S) = -\frac{1}{\beta}e^{-\beta(W+P)}e^{\beta P_r}E[e^{\beta S}]$$

となる.さて,効用を最大にするエクセス・レート α が存在するはずである.1回あたりの再保険会社の支払額は確率変数であり α 以下では確率密度関数 $f(x)$ をもち,α と等しくなる確率は $1-F(\alpha)$ で与えられる確率変数による複合ポアソン分布で与えられる.よって

$$E[e^{\beta S}] = \exp\left\{\lambda\left[\int_0^\alpha e^{\beta x}f(x)dx + e^{\beta\alpha}(1-F(\alpha)) - 1\right]\right\}$$

で与えられる.したがって期待効用は

$$u(W + P - P_r - S) = -\frac{1}{\beta}e^{-\beta(W+P)}\exp(g(\alpha))$$

で与えられる.ただし

$$g(\alpha) = (1+\theta)\lambda\beta\int_\alpha^\infty (x-\alpha)f(x)dx + \lambda\left[\int_0^\alpha e^{\beta x}f(x)dx + e^{\beta\alpha}(1-F(\alpha)) - 1\right]$$

である.関数 $g(\alpha)$ が最小になるときに保険会社の期待効用が最大になるので,関数 $g(\alpha)$ を最小にする α が保険会社にとって最も好ましい α である.すなわ

ち，保険会社はこの α をエクセス・レートとする再保険を契約したいと考える．実際に微分をして計算をしてみると α は

$$\alpha = \frac{1}{\beta}\log(1+\theta)$$

で与えられる．

4.1.2 保険料算出原理

　保険料は，死亡や物の事故や故障などのイベントに対して，保険会社が保険加入者に保険金を支払う代わりとして保険加入者が保険会社に支払うものである．当然，保険金支払いがどのように起こると考えられるのかによって，保険料の支払い額は変わってくる．もし，将来の保険金支払額が確率変数 X で表されているとすると，確率変数の平均や分散，さらには分布の形などの性質によって保険料が決定されるという考え方は自然であろう．そういう意味で，保険料は将来の保険金支払額 X を保険料という具体的な数字に対応させる写像と見なすことができる．すなわち確率変数を正の値の実数に対応させる（汎）関数 $\Phi(\cdot)$ があり，将来の保険金支払額が確率変数 X で与えられたときの保険料 Π_X は，$\Pi_X = \Phi(X)$ と表現できるものとする．この写像の性質として望ましいと思われるものを例として5つ並べておこう[1]．

(1) 保険料は保険金支払額の期待値以上の額であること

$$\Pi_X \geq E[X].$$

(2) 加法性

　X と Y という二つの独立な保険会社にとってのリスク（保険金支払額）であるものとする．二つのリスクに関する保険料 Π_X と Π_Y およびこの二つのリスクをセットにした保険の保険料 Π_{X+Y} は

$$\Pi_{X+Y} = \Pi_X + \Pi_Y$$

---

[1] これは望ましいと思われているというだけで，これらの性質が本当によいのかについては何ともいえないし，他にもっとよい性質がないということでもない．とりあえず性質を5つ挙げたと思ってもらえればよい．

を満たす．

(3) スケール不変性

未来の保険金支払額 X と正の実数 $a(>0)$ について，保険金 aX の支払いを行う保険料は

$$\Pi_{aX} = a\Pi_X$$

が成り立つ．

(4) 一致性

二つの保険金支払額 X および Y が，ある実数 c を用いて $Y = X + c$ という関係にあるものとする．このとき

$$\Pi_{X+c} = \Pi_X + c$$

が成り立つ．

(5) 保険料は保険金支払額の上限以下であること

つまり，未来の保険金支払額 X が常に $X \leq x$ を満たすならば

$$\Pi_X \leq x$$

となる．

たとえば，上記のような性質が望ましい保険料の決め方であるものとすれば，どのように保険料を決めれば上記の性質をなるべく多く満たすのかを知りたい．保険料の決め方としていくつかの方法を提案してみよう．

(i) 期待値原理

保険料の決め方として，ある正の実数 $\alpha > 0$ を用いて

$$\Pi_X = (1+\alpha)E[X]$$

となるように決める．この保険料の決め方を採用すれば明らかに (1),(2),(3) を満たすが，(4) は満たさない．たとえば加法性については

$$\Pi_{X+Y} = (1+\alpha)E[X+Y] = (1+\alpha)E[X] + (1+\alpha)E[Y] = \Pi_X + \Pi_Y$$

から成り立つことが確認できる．同様に (1),(3) が成り立つこと，(4) が成り立たないことも簡単に確認できる．

(5) については，確実に保険金支払い x がある保険を考えると，その保険料は

$$\Pi_X = (1+\alpha)x > x = E[X]$$

を満たす．このことから性質 (5) も満たさない．

(ii) 分散原理

ある正の実数 $\alpha > 0$ を用いて，保険料 Π_X を

$$\Pi_X = E[X] + \alpha Var[X]$$

となるように決める．確率変数 X と Y が独立ならば

$$Var[X+Y] = Var[X] + Var[Y]$$

を満たすことなどより，性質 (1),(2),(4) を満たすが，性質 (3),(5) は満たさない．たとえば (3) は

$$\Pi_{aX} = E[aX] + \alpha Var[aX] = aE[X] + \alpha a^2 Var[X] \neq a\Pi_X$$

となる．また，期待値原理のときと全く同じ例を用いると，性質 (5) が満たされないことがわかる．分散原理と似た保険料に，決め方として標準偏差原理と呼ばれる保険料の決め方がある．標準偏差原理では

$$\Pi_X = E[X] + \alpha\sqrt{Var[X]}$$

で保険料を決める．するとスケール不変性 (3) も成り立つようになる．

(iii) ゼロ効用原理

効用関数 $u = u(x)$ をもとに保険料を決める方法である．保険料は方程式

$$u(W) = E[u(W + \Pi_X - X)] \tag{4.5}$$

を解くことにより得られる.これは,効用関数の説明の際に述べたとおり,期待効用理論の下で保険会社が最低限ほしいと考える保険料の計算式 (4.4) と同じものである.よって,性質 (1) を満たす.また,性質 (5) も以下のような手順により成り立つことがわかる.いま,将来の保険金支払額 X は $X \leq x$ を満たすものとする.すると

$$W + \Pi_X - X \geq W + \Pi_X - x$$

がいえる.保険料 Π_X の決め方の式 (4.5) より

$$u(W) = E[u(W + \Pi_X - X)] \geq E[u(W + \Pi_X - x)]$$
$$= u(W + \Pi_X - x)$$

であることがわかる.効用関数は単調増加なので

$$W \geq W + \Pi_X - x$$

が成り立つ.すなわち $x \geq \Pi_X$ である.一般に,ゼロ効用原理の下では加法性 (2) は成り立たない.しかし,効用関数の選び方によっては加法性が成り立つこともある.それを確認してみよう.効用関数 $u(\cdot)$ が正の実数 $\beta(>0)$ を用いて

$$u(x) = -\frac{1}{\beta}e^{-\beta x} \quad (x > 0)$$

と与えられるとき,$u(\cdot)$ を指数型効用関数と呼ぶ.効用関数が指数型効用関数で与えられたとして,ゼロ効用原理により求められた保険料は

$$-\frac{1}{\beta}\exp(-\beta W) = E\left[-\frac{1}{\beta}\exp\{-\beta(W + \Pi_X - X)\}\right]$$
$$= -\frac{1}{\beta}\exp(-\beta(W + \Pi_X))M_X(\beta)$$

を解くことで得られる.ただし $M_X(\beta)$ は確率変数 X の積率母関数 $E[e^{\beta X}]$ である.このことから $e^{\beta \Pi_X} = M_X(\beta)$ が成り立つので

$$\Pi_X = \frac{1}{\beta} \log M_X(\beta)$$

となる.よって,確率変数 X と Y が独立ならば

$$\Pi_{X+Y} = \frac{1}{\beta} \log M_{X+Y}(\beta) = \frac{1}{\beta} \big(\log M_X(\beta) + \log M_Y(\beta)\big) = \Pi_X + \Pi_Y$$

が成り立ち加法性がいえる.

<u>(iv) その他の例</u>

ある正の数 h を固定して

$$\Pi_X = \frac{E[X e^{hX}]}{E[e^{hX}]}$$

と保険料を決めることをエッシャー原理という.エッシャー原理も数多くの望ましい性質を満たしており,スケール不偏性 (3) 以外の 4 つの性質を満たすことを示すことができる.

4.2 保険商品の価格付けの問題への応用

ゼロ効用原理とほぼ同様の考え方を用いた保険商品の価格評価法について Young and Zariphopoulou (2002) などで考察がなされている.そこでは,どのようにして保険商品の価格評価が行われているのかについて考察をしてみよう.なお,ここでは簡単化のため満期日に定額の支払が起こり得る単純な保険商品を Young and Zariphopoulou (2002) に沿って説明したが,さらに複雑に支払額が証券価格に依存するような変額商品の価格についても Moore and Young (2003) などで議論されているので確認をしてほしい.

いま,市場では株式と債券が取引されているものとする.債券の金利は簡単のため $r(>0)$ で一定であるものとする.時刻 t での債券の価値を P_t と書くこととする.債券 1 単位の価値を時刻 0 で規格化して $P_0 = 1$ とする.ブラック・ショールズモデルを考えたときと同様に,

$$\frac{dP_t}{dt} = rP_t, \qquad P_0 = 1$$

を満たすとすれば $P_t = e^{rt}$ である.また,時刻 t における株式の価値を S_t と書

き，こちらもブラック・ショールズモデルを考えたときと同様に，確率微分方程式

$$dS_t = S_t(\mu dt + \sigma dB_t), \qquad S_0 = s$$

を満たすものとする．保険会社にとっての効用関数は $u(x)$ であるものとする．また，この会社は時刻 0 に初期資産を w_0 もっているものとする．

とりあえず保険契約の話は忘れて，保険会社がこの資産を株式と債券によって時刻 T まで運用するものとしよう．そして運用した結果，保険会社が得られる効用の期待値 $E[u(W_T)|W_0 = w_0]$ を最大にする方法を考えたい．時刻 t において株式が α_t 単位もっており，その総価値が π_t であるものとする．すなわち $\pi_t = \alpha_t S_t$ である．また，債券を β_t 単位，総額 $\pi_t^0 = \beta_t P_t$ だけもっているものとする．すると初期時点では総価値は

$$w_0 = \pi_0 + \pi_0^0 = \alpha_0 s + \beta_0$$

となる．保険会社は株式と債券のみを運用しているので，時刻 t での資産総額を W_t とすると

$$W_t = \pi_t + \pi_t^0 = \alpha_t S_t + \beta_t P_t$$

である．時刻 t から微小時間 $t + \Delta t$ までこのポートフォリオに資金を追加したり使い込んだりしないものとする．さらにこの時間にポートフォリオを組み替えなければ，資産額の変化は

$$W_{t+\Delta t} - W_t = \alpha_t(S_{t+\Delta t} - S_t) + \beta_t(P_{t+\Delta t} - P_t)$$

で与えられる．ここで Δt を微小量 dt とすると

$$\begin{aligned} dW_t &= \alpha_t dS_t + \beta_t dP_t = \alpha_t S_t(\mu dt + \sigma dB_t) + r\beta_t P_t dt = \mu \pi_t dt + \sigma \pi_t dB_t + r\pi_t^0 dt \\ &= r(\pi_t + \pi_t^0)dt + (\mu - r)\pi_t dt + \sigma \pi_t dB_t = [rW_t + (\mu - r)\pi_t]dt + \sigma \pi_t dB_t \end{aligned}$$

が成り立つ．保険会社は自分が最も有利になるポートフォリオを決めてよい．すると期待満足度が最も大きくなるように取引を行うこととなる．この枠組みでの保険会社にとっての満足度は

$$V(w_0, 0) = \sup_\pi E[u(W_T)|W_0 = w_0]$$

となる．関数 $V(w,t)$ をより一般的に

$$V(w, t) = \sup_\pi E[u(W_T)|W_t = w]$$

と定義することとする．ただし，$\sup_\pi E[\cdot|W_t = w]$ とは，常に過去の株式の価格全情報のみを用いて決定する戦略をとって計算した期待値の上限と解釈する．（つまり時刻 $s \in [t, T]$ における戦略は，時刻 s までに得られた情報を最大限に用いて戦略 π_s を決めている）時刻 t から $t + \Delta t$ までの株式の持ち高が π_t であったものとしよう．ただし π_t は必ずしも最善の株式保有量とは限らないものとする．すると

$$V(w, t) \geq E[V(W_{t+\Delta t}, t + \Delta t)|W_t = w] \quad (4.6)$$

となる．なぜならば，もし右辺が左辺と比べて真に大きいならば，時刻 t で株式保有量を π_t としておけば，時刻 $t+\Delta t$ における満期での効用の期待値が $V(w,t)$ より大きくなる．このことは，$V(w,t)$ はすべての戦略の中で最も効用の期待値を大きくするように π を選んでいるという仮定に反する[2]．よって不等式 (4.6) が得られる．ところで，伊藤公式より

$$\begin{aligned}
&V(W_{t+\Delta t}, t + \Delta t) \\
&= V(W_t, t) + \int_t^{t+\Delta t} \left\{ \frac{\partial V}{\partial u} + [rW_u + (\mu - r)\pi_u]\frac{\partial V}{\partial w} + \frac{\sigma^2 \pi_u^2}{2}\frac{\partial^2 V}{\partial w^2} \right\} du \\
&\quad + \int_t^{t+\Delta t} \sigma \pi_u \frac{\partial V}{\partial w} dB_u \\
&\approx V(W_t, t) + \left\{ \frac{\partial V}{\partial t} + [rW_t + (\mu - r)\pi_t]\frac{\partial V}{\partial w} + \frac{\sigma^2 \pi_t^2}{2}\frac{\partial^2 V}{\partial w^2} \right\} \Delta t \\
&\quad + \sigma \pi_t \frac{\partial V}{\partial w}(B_{t+\Delta t} - B_t) \quad (4.7)
\end{aligned}$$

---

[2] もう少し正確に書くと，不等号が等号になる戦略は本当にないのかもしれない．そこで本来は「『いくらでも左辺と右辺の差が 0 に近い戦略が存在する』ことはない」と読み替えて議論をする必要がある．本来 "max" ではなく "sup" を用いた議論なのでそのように考える必要があるが，本書では（数学的に問題はあるが）あたかも等号になる戦略が必ずあるかのごとく証明を書いてある．さまざまな読者を想定してそのように書くことにしたのでご容赦願いたい．

となるが，両辺に $W_t = w$ を条件とした期待値をとると

$$
\begin{aligned}
E[V(&W_{t+\Delta t}, t+\Delta t) - V(w,t)|W_t = w] \\
&\approx \left\{ \frac{\partial V}{\partial t}(w,t) + [rw + (\mu-r)\pi_t]\frac{\partial V}{\partial w}(w,t) + \frac{\sigma^2 \pi_t^2}{2}\frac{\partial^2 V}{\partial w^2}(w,t) \right\}\Delta t \\
&\quad + \sigma \pi_t \frac{\partial V}{\partial w}(w,t) E[(B_{t+\Delta t} - B_t)] \\
&= \left\{ \frac{\partial V}{\partial t}(w,t) + [rw + (\mu-r)\pi_t]\frac{\partial V}{\partial w}(w,t) + \frac{\sigma^2 \pi_t^2}{2}\frac{\partial^2 V}{\partial w^2}(w,t) \right\}\Delta t
\end{aligned}
$$

となるが，不等式 (4.6) より左辺は $E[V(W_{t+\Delta t}, t+\Delta t) - V(w,t)|W_t = w] \leq 0$ を満たす．よって

$$
\frac{\partial V}{\partial t} + [rw + (\mu-r)\pi_t]\frac{\partial V}{\partial w} + \frac{\sigma^2 \pi_t^2}{2}\frac{\partial^2 V}{\partial w^2} \leq 0 \tag{4.8}
$$

となることがわかった．ところで式 (4.6) の不等号の右辺が，期間 $[t, t+\Delta t]$ でどのような戦略をとっても等号にすることができないとする[前頁 2)]．t 時点で見た時刻 $t+\Delta t$ での満期 T における期待効用は，$V(w,t)$ を真に下回るということになる．つまり期間 $[t, t+\Delta t]$ における任意の戦略について

$$
V(w,t) > E[V(W_{t+\Delta t}, t+\Delta t)|W_t = w] = E\left[\sup_\pi E[u(W_T)|\mathcal{F}_{t+\Delta t}]|W_t = w\right]
$$

が成り立つ．右辺の条件付き期待値の条件が $t+\Delta t$ 時点のものになっているので，$\sup_\pi$ は期間 $[t+\Delta t, T]$ において常に過去の情報のみで構築したすべての戦略を計算した結果求まる時刻 T における期待効用の上限である．つまり右辺は期間 $[t, t+\Delta t]$ ではいい加減に戦略を決めていて，期間 $[t+\Delta t, T]$ では期待効用を最大にする戦略をとっている．さらに，期間 $[t+\Delta t, T]$ において戦略を適当にとってしまうと右辺はさらに小さくなり

$$
\begin{aligned}
V(w,t) &> E\left[\sup_\pi E[u(W_T)|\mathcal{F}_{t+\Delta t}]|W_t = w\right] \geq E\left[E[u(W_T)|\mathcal{F}_{t+\Delta t}]|W_t = w\right] \\
&= E[u(W_T)|W_t = w]
\end{aligned}
$$

となる．ただし，右辺の W_T は期間 $[t+\Delta t, T]$ における戦略もいい加減にとっ

た際の満期時刻の企業価値である[3]．ここで両辺に $\sup_\pi$ を作用させると

$$V(w,t) > V(w,t)$$

となり不合理．よって，期間 $[t, t+\Delta t]$ で最適な戦略をとると式 (4.6) は等号になる．このことから，最もよい戦略をとれば式 (4.8) は等号となるはずである．よって，

$$\sup_{\pi_t} \left[\frac{\partial V}{\partial t} + [rw + (\mu - r)\pi_t] \frac{\partial V}{\partial w} + \frac{\sigma^2 \pi_t^2}{2} \frac{\partial^2 V}{\partial w^2} \right] = 0$$

すなわち

$$\frac{\partial V}{\partial t} + rw \frac{\partial V}{\partial w} + \sup_{\pi_t} \left[(\mu - r)\pi_t \frac{\partial V}{\partial w} + \frac{\sigma^2 \pi_t^2}{2} \frac{\partial^2 V}{\partial w^2} \right] = 0 \qquad (4.9)$$

である．ただし，終端条件は $V(w, T) = u(w)$ である．式 (4.9) 中の $\sup_{\pi_t}$ の直後の括弧内は π_t の 2 次式なので，平方完成をすれば左辺を最大にする π を求めることができる．このような π は

$$\pi_t = -\frac{\mu - r}{\sigma^2} \times \frac{V_w(w,t)}{V_{ww}(w,t)}$$

である．結局，求める偏微分方程式は

$$V_t + rwV_w - \frac{(\mu - r)^2}{2\sigma^2} \frac{V_w^2}{V_{ww}} = 0, \qquad (4.10)$$
$$V(w,T) = u(w)$$

である．実は，効用関数として指数型効用関数

$$u(w) = -\left(\frac{1}{\beta}\right) e^{-\beta w} \qquad (4.11)$$

を用いる場合にはこの方程式は解くことができて

$$V(w,t) = -\frac{1}{\beta} \exp\left(-\beta w e^{r(T-t)} - \frac{(\mu-r)^2}{2\sigma^2}(T-t) \right) \qquad (4.12)$$

---

[3] 期間 $[t, t+\Delta t]$ で任意の戦略でよいといっているので，合わせると結局期間 $[t, T]$ でいい加減にポートフォリオを作っていることになる．

となることがわかっている．このことを確認してみよう．方程式の解として，

$$V(w,t) = -\frac{1}{\beta}e^{f(t)w+h(t)}$$

という形であるものと想定してみよう．このとき，時刻 $t=T$ における方程式 (4.10) の終端条件と効用関数の形 (4.11) より，関数 $f(t)$ および $h(t)$ は満期 T において

$$f(T) = -\beta, \quad h(T) = 0 \tag{4.13}$$

である．関数 V について偏微分の計算をすることで

$$\frac{\partial V}{\partial t} = (wf'(t) + h'(t))V, \quad \frac{\partial V}{\partial w} = fV, \quad \frac{\partial^2 V}{\partial w^2} = f^2 V$$

であることがわかる．これを方程式 (4.10) に代入すると

$$(wf' + h')V - \frac{(\mu-r)^2}{2\sigma^2}V + rwfV = 0$$

となる．すなわち $V \neq 0$ ならば

$$w(f' + rf) + \left(h' - \frac{(\mu-r)^2}{2\sigma^2}\right) = 0$$

である．これがどのような w についても成り立つことから

$$f' + rf = 0, \quad h' - \frac{(\mu-r)^2}{2\sigma^2} = 0$$

である．終端条件 (4.13) と考え合わせて

$$f(t) = -\beta e^{r(T-t)}, \quad h(t) = -\frac{(\mu-r)^2}{2\sigma^2}(T-t)$$

を得る．よって式 (4.12) が得られた．また，時刻 t における株式の持ち高は

$$\pi_t = \frac{\mu-r}{\sigma^2}\frac{e^{-r(T-t)}}{\beta}$$

となる．

保険契約の話に戻ろう．満期 T までに被保険者が死亡すれば保険額 1 を時刻

T に受け取ることができ，死亡していなければ被保険者は何も受け取ることができないという保険を考えてみたい．その前に，死亡確率について少し簡単な説明を加えよう．現在（時刻 $t=0$），被保険者は x 歳とする．時刻 t に被保険者が生きている確率を $p_{1,1}(t)$ と書き，死亡している確率を $p_{1,0}(t)$ と書くことにする．すると 2 章の式 (2.25) と同じように

$$\frac{d}{dt}p_{1,1}(0,t) = -\lambda(t)p_{1,1}(0,t) \tag{4.14}$$

が成り立つ．ただし $\lambda(t)$ は定義 2.4 で与えられているように

$$\lambda(t) = \lim_{\Delta t \to 0} \frac{1 - p_{1,1}(t, t+\Delta t)}{\Delta t} = \lim_{\Delta t \to 0} \frac{p_{1,0}(t, t+\Delta t)}{\Delta t} \tag{4.15}$$

であり，ハザード・レートまたは死力と呼ぶ．保険数学では x 歳の人が次の t 年間生存している確率を $_tp_x$ と書き，次の t 年の間に死亡する確率を $_tq_x$ と書くので，$_tp_x = p_{1,1}(t)$ であり，式 (4.14) は

$$\frac{d}{dt}{}_tp_x = -\lambda(t){}_tp_x$$

と書くことができ，x 歳の被保険者の死亡時刻を τ と書くことにすれば

$$_tp_x = e^{-\int_0^t \lambda(s)ds}, \qquad {}_tq_x = P[\tau \leq t] = 1 - {}_tp_x = 1 - e^{-\int_0^t \lambda(s)ds}$$

が成り立つ．時刻 0 に保険会社が被保険者と保険契約を結んだものとする．時刻 t における保険会社の資産価値を W_t と書くことにする．もし満期時刻 T において被保険者が死亡していなかったら，保険会社は被保険者に何も支払う必要がないので資産額は W_T となる．一方で，もし満期 T までに被保険者が死亡していたら時刻 T において支払い 1 が発生するので，その時点での資産総額は $W_T - 1$ となる．よって，満期における資産総額は $W_T - 1_{\{\tau \leq T\}}$ となる．すると，満期 T における効用は $u(W_T - 1_{\{\tau \leq T\}})$ である．さて，保険会社はポートフォリオを動かせるので，時刻 t における資産額が $W_t = w$ であった場合の時刻 T における期待効用は

$$U(w,t) = \sup_\pi E[u(W_T - 1_{\{\tau \leq T\}})|W_t = w]$$

となる．ここで，$\sup_\pi E[\cdot|\mathcal{F}_t]$ は，常に過去の株式の価格の動き方と現時点までの被保険者の生死の情報のみを用いて決定する戦略の中で，最も大きな期待値という意味である．保険料の評価の話に戻ろう．初期時点に保険会社が資産を w_0 だけもっているものとしよう．保険料が P のとき，もし被保険者が保険契約を結んだのならば時刻 0 における保険会社の資産は $w_0 + P$ となる．この資産 $w_0 + P$ を満期 T まで運用し，被保険者が満期までに死亡していたら満期に保険金を支払い，死亡していなかったら何も払わないでよいということである．よって，時刻 0 における期待効用は $U(w_0 + P, 0)$ であるものと考えられる．保険会社が保険を売ってもよいと感じられるには

$$U(w_0 + P, 0) \geq V(w_0, 0)$$

が成り立たないといけない．特に，最低限の保険料 $\bar{P}$ は

$$U(w_0 + \bar{P}, 0) = V(w_0, 0) \tag{4.16}$$

を満たす．この $\bar{P}$ を求めるというのがここでの目標である．なお，ほとんど同じ議論により，被保険者が支払ってもよいと思う保険料の上限を求めることも可能である．式 (4.16) の右辺は保険を売らないで得られる効用であり，左辺は保険を売ったときに得られる効用なので，式 (4.16) はまさにゼロ効用原理の定義式 (4.5) と同じ意味の式である．

すでに関数 $V(w,t)$ は求まっているので，次は $U(w,t)$ の具体的な表現を求めないといけない．保険契約者が時刻 t において生存しているものとする．もし，時刻 t における保険会社の総資産額が $W_t = w$ であったとして，時刻 $t + \Delta t$ における株と預金で運用されている資産総額が $W_{t+\Delta t}$ になったものとする．$V(w,t)$ を計算したときと同様に，とりあえずこの株式の持ち高 π は適当に組んでいて，最適な戦略になっているのかはよくわからないものとする．すると，期間 $[t, t+\Delta t]$ の間に被保険者が死亡しない場合の時刻 $t + \Delta t$ における期待効用は

$$U(W_{t+\Delta t}, t + \Delta t)$$

となる．また，期間 $[t, t+\Delta t]$ の間に被保険者が死亡していた場合，時刻 $t+\Delta t$

における期待効用は

$$V(W_{t+\Delta t} - e^{-r(T-t-\Delta t)}, t+\Delta t)$$

となる．この式は，もし期間 $[t, t+\Delta t]$ に被保険者が死亡したら保険会社は満期 T における保険金 1 支払わないといけなくなるが，そのための資金を時刻 $t+\Delta t$ から積み立てておくには $e^{-r(T-t-\Delta t)}$ の原資が必要なことに対応している．ところで，時刻 t に $x+t$ 歳になっている被保険者が $t+\Delta t$ においても生存している確率を $_{\Delta t}p_{x+t}$ と記載し，死亡している確率を $_{\Delta t}q_{x+t}$ と記載した．時刻 t において被保険者が生存していて，かつ保険会社の総資産が w であるときに，期間 $[t, t+\Delta t]$ におけるポートフォリオを適当に組んでいた場合は

$$\begin{aligned}U(w,t) \geq &E[U(W_{t+\Delta t}, t+\Delta t)|W_t = w]_{\Delta t}p_{x+t} \\ &+ E[V(W_{t+\Delta t} - e^{-r(T-t-\Delta t)}, t+\Delta t)|W_t = w]_{\Delta t}q_{x+t}\end{aligned} \quad (4.17)$$

が成り立つ．この式は $V(w,t)$ を計算したときの同じロジックで求められる．すなわち，株式の持ち高 π のポートフォリオを組んで右辺が $U(w,t)$ より大きいとする．この戦略をとると，時刻 T の期待効用の期待値は $U(w,t)$ よりも大きくなる．よって，この戦略を選んでおけば，$t+\Delta t$ 時点において時刻 T での期待効用の平均は $U(w,t)$ より大きくなる．このことは $\sup_\pi$ を使って $U(w,t)$ を定義したことと矛盾する．よって式 (4.17) は右辺より左辺のほうが大きくなることがわかった．

それでは式 (4.17) の第 1 項の条件付き期待値の中身を計算しよう．式 (4.7) で $V(W_{t+\Delta t}, t+\Delta t)$ を求めたときと同じように，期間 $[t, t+\Delta t]$ において被保険者が死亡していなかったという前提で U を計算すると

$$\begin{aligned}U(W_{t+\Delta t}, t+\Delta t) \approx\,& U(W_t, t) \\ &+ \left\{\frac{\partial U}{\partial t}(W_t,t) + [rW_t + (\mu-r)\pi_t]\frac{\partial U}{\partial w}(W_t,t) + \frac{\sigma^2 \pi_t^2}{2}\frac{\partial^2 U}{\partial w^2}(W_t,t)\right\}\Delta t \\ &+ \sigma\pi_t \frac{\partial V}{\partial w}(w,t)(B_{t+\Delta t} - B_t)\end{aligned} \quad (4.18)$$

となる．次に式 (4.17) の第 2 項の期待値の中身を計算しよう．つまり，今度

は期間 $[t, t+\Delta t]$ において被保険者が死亡したという前提で話をする．$\tilde{W}_t = W_t - e^{-r(T-t)}$ とおくと，

$$\begin{aligned} d\tilde{W}_t &= dW_t - re^{-r(T-t)}dt \\ &= [rW_t + (\mu - r)\pi_t]dt + \sigma\pi_t dB_t - re^{-r(T-t)}dt \\ &= [r\tilde{W}_t + (\mu - r)\pi_t]dt + \sigma\pi_t dB_t \end{aligned}$$

となるので，$\tilde{W}_t$ の定義より $V(W_{t+\Delta t} - e^{-r(T-t-\Delta t)}, t + \Delta t)$ も

$$\begin{aligned} V(W_{t+\Delta t} &- e^{-r(T-t-\Delta t)}, t+\Delta t) = V(\tilde{W}_{t+\Delta t}, t+\Delta t) \\ &\approx V(\tilde{W}_t, t) + \left\{ \frac{\partial V}{\partial t} + [r\tilde{W}_t + (\mu-r)\pi_t]\frac{\partial V}{\partial w} + \frac{\sigma^2 \pi_t^2}{2}\frac{\partial^2 V}{\partial w^2}\right\} \Delta t \\ &\quad + \sigma\pi_t \frac{\partial V}{\partial w}(B_{t+\Delta t} - B_t) \end{aligned} \quad (4.19)$$

となる．式 (4.18) と式 (4.19) で得られた，$U(W_{t+\Delta t}, t+\Delta t)$ と $V(W_{t+\Delta t} - e^{-r(T-t-\Delta t)}, t+\Delta t)$ を式 (4.17) に代入すると

$$\begin{aligned} U(w,t) \geq & U(w,t)_{\Delta t}p_{x+t} \\ & + \left\{ \frac{\partial U}{\partial t}(w,t) + [rw + (\mu-r)\pi_t]\frac{\partial U}{\partial w}(w,t) + \frac{\sigma^2\pi_t^2}{2}\frac{\partial^2 U}{\partial w^2}(w,t)\right\} {}_{\Delta t}p_{x+t}\Delta t \\ & + V(w - e^{-r(T-t)}, t)_{\Delta t}q_{x+t} + \left\{ \frac{\partial V}{\partial t}(w - e^{-r(T-t)}, t) \right. \\ & + [r(w - e^{-r(T-t)}) + (\mu-r)\pi_t]\frac{\partial V}{\partial w}(w - e^{-r(T-t)}, t) \\ & \left. + \frac{\sigma^2\pi_t^2}{2}\frac{\partial^2 V}{\partial w^2}(w - e^{-r(T-t)}, t)\right\} {}_{\Delta t}q_{x+t}\Delta t \end{aligned} \quad (4.20)$$

と計算される．ここで

$$\lambda(t) = \lim_{\Delta t \to 0} \frac{1 - {}_{\Delta t}p_{x+t}}{\Delta t} = \lim_{\Delta t \to 0} \frac{{}_{\Delta t}q_{x+t}}{\Delta t},$$

$$\lim_{\Delta t \to 0} {}_{\Delta t}p_{x+t} = 1, \qquad \lim_{\Delta t \to 0} {}_{\Delta t}q_{x+t} = 0$$

に注意しよう．一つ目の式は定義 2.4 より求まる．式 (4.20) の左辺を右辺に移行し，両辺を Δt で割って極限 $\Delta t \to 0$ をとると，

$$0 \geq \frac{\partial U}{\partial t}(w,t) + (rw + (\mu-r)\pi)\frac{\partial U}{\partial w}(w,t) + \frac{\sigma^2 \pi^2}{2}\frac{\partial^2 U}{\partial w^2}(w,t)$$
$$+ \lambda(t)[V(w - e^{-r(T-t)}, t) - U(w,t)]$$

を示すことができる．一方で，期待効用 $V(w,t)$ の満たす偏微分方程式 (4.9) を導く際に議論したように，最適な π を選べば等号が成り立つ．よって，

$$\sup_{\pi_t}\left[\frac{\partial U}{\partial t} + (rw + (\mu-r)\pi_t)\frac{\partial U}{\partial w} + \frac{\sigma^2 \pi_t^2}{2}\frac{\partial^2 U}{\partial w^2} + \lambda(t)\{V(w - e^{-r(T-t)}, t) - U(w,t)\}\right]$$
$$= 0$$

が成り立つ．すなわち

$$\frac{\partial U}{\partial t} + rw\frac{\partial U}{\partial w} + \sup_{\pi_t}\left[(\mu-r)\pi_t\frac{\partial U}{\partial w} + \frac{\sigma^2 \pi_t^2}{2}\frac{\partial^2 U}{\partial w^2}\right]$$
$$+ \lambda(t)\left\{V\left(w - e^{-r(T-t)}, t\right) - U(w,t)\right\} = 0,$$
$$U(w,T) = u(w)$$

がいえた．V の方程式を解いたときと同様に考えれば，$\sup_\pi$ を最大にする π の選び方は

$$\pi_t = -\frac{\mu-r}{\sigma^2} \times \frac{U_w(w,t)}{U_{ww}(w,t)}$$

であり，求める偏微分方程式は

$$U_t + rwU_w - \frac{(\mu-r)^2}{2\sigma^2}\frac{U_w^2}{U_{ww}} + \lambda(t)\{V(w - e^{-r(T-t)}, t) - U(w,t)\} = 0,$$
(4.21)
$$U(w,T) = u(w)$$

となる．偏微分方程式 (4.21) を解くためには，関数 $U(w,t)$ が関数形 $U(w,t) = V(w,t)\phi(t)$ をもつものと予想し，この式を方程式 (4.21) に代入して $\phi(t)$ を求める．V の解が式 (4.12) で与えられているので

$$V(w - e^{-r(T-t)}, t) = e^\beta V(w,t)$$

が成り立つことに注意しつつ，$U(w,t) = V(w,t)\phi(t)$ を偏微分方程式 (4.21) に実際に代入すると

$$\phi(t)\left[V_t + rwV_w - \frac{(\mu-r)^2}{2\sigma^2}\frac{V_w^2}{V_{ww}}\right] + V(t)\{\phi'(t) + \lambda(t)(e^\beta - \phi(t))\} = 0, \quad (4.22)$$

$$\phi(T) = 1$$

となる．方程式 (4.22) の $\phi(t)$ でくくられた部分は，関数 V の満たす偏微分方程式 (4.10) に等しいので実は 0 である．よって，関数 $\phi(t)$ の満たす方程式は

$$\phi'(t) + \lambda(t)[e^\beta - \phi(t)] = 0, \qquad \phi(T) = 1$$

である．この方程式の解は

$$\phi(t) = e^{-\int_t^T \lambda(s)ds} + e^\beta(1 - e^{-\int_t^T \lambda(s)ds})$$

なので，関数 $U(w,t)$ も求まった．

ゼロ効用原理 (4.5) を用いて保険料を求めるには

$$V(w,0) = U(w+\bar{P},0) = V(w+\bar{P},0)\phi(0)$$

を満たす $\bar{P}$ を求めればよかった．すなわち

$$V(w,0) = \exp(-\beta\bar{P}e^{rT})V(w,0)\phi(0)$$

を解けばよい．すなわち

$$\bar{P} = \frac{1}{\beta}e^{-rT}\log\phi(0) \qquad (4.23)$$

である．ここで，$\phi(0)$ は

$$\phi(0) = e^{-\int_0^T \lambda(s)ds} + e^\beta(1 - e^{-\int_0^T \lambda(s)ds}) = {}_Tp_x + e^\beta {}_Tq_x$$

である．これで保険料 $\bar{P}$ が求まった．最後に，保険会社が株式をもたず，すべて預金でのみ資産を管理した場合に保険料がいくらになるのか考えてみよう．保

険会社の初期資産は w_0 であり，保険料を $\bar{P}$ とする．保険を売らなかった場合，満期 T 時点でこの資産は金利がついて $w_0 e^{rT}$ となっているはずなので，効用は $u(w_0 e^{rT})$ と等しい．一方，保険料 $\bar{P}$ を受け取って保険を売った場合は満期時点で確率 ${}_T p_x$ で被保険者は生存しており，保険会社の効用は $u((w_0 + \bar{P})e^{rT})$ となる．一方で確率 ${}_T q_x$ で被保険者は死亡しており，保険会社の効用は $u((w_0 + \bar{P})e^{rT} - 1)$ となる．よって，ゼロ効用原理の考え方では保険料は方程式

$$u(w_0 e^{rT}) = {}_T p_x u((w_0 + \bar{P})e^{rT}) + {}_T q_x u((w_0 + \bar{P})e^{rT} - 1)$$

を解いて求めることとなる．これを指数効用関数の下で解くと保険料は式 (4.23) と同じく $\bar{P} = \frac{1}{\beta} e^{-rT} \log({}_T p_x + e^{\beta} {}_T q_x)$ となる．すなわち，株式を入れても入れなくても同じ結果となる．これだと，株式を入れて計算したのが馬鹿らしく思えるかもしれないが，ここまでの方法は支払額が株価に依存する場合でも同様の手順で保険料を計算できるというメリットがある．

5 生命保険の数学

本章では生命保険の数理についての解説を行う．本章で扱う内容は，古典的な責任準備金の計算法を軸とした内容というよりは，その数理的な意味付けや生命保険数学における確率計算の周辺部分にスポットを当てながら話をしていきたい．最終的には，責任準備金の満たす微分方程式（ティーレの微分方程式）や，その変額商品への拡張などについても議論を行うことを目標としている．

5.1 金利と死亡率

生命保険数学の基本は，金利による割引と死亡率の計算にあるといっても過言ではないであろう．その証拠にほとんどの生命保険数学の本において，金利と死亡率の話題が初めに書かれている．この本でも，過去の類書と同様に金利と死亡率の話題から始めたいと思う．

5.1.1 金利の計算

経済学部でコーポレート・ファイナンスの講義に出席すると，「現在のお金の価値と未来のお金の価値は異なっていて，それを調整するために金利が存在する」という内容のことを学ぶと思う．手元にある，コーポレート・ファイナンスの教科書[1]を見てみると (i) 現在 1 万円を受け取る選択肢と，(ii) 1 年後に確実に 1 万円を受け取る選択肢ではほとんどの人が (i) を選び，それは現在の 1 万

---

[1] 古川 他 (2013)

円のほうが1年後の確実な1万円より価値が高いからであるという内容が記載されている．そして，来年の11,000円と今年の10,000円が等価であると考えるならば，その差の1,000円が利子となる．1,000円は10,000円の10%なので利子率は10%となる．その結果，次のような計算が可能となる．たとえば，1年間の利子率（年利）が5%で1年間銀行預金をするならば，10万円は1年後には10万円×5%増えて，10万5千円になる．逆に，1年後の10万5千円は現在10万円である．つまり，現在X円をもっていると，年利がiであれば1年後の預金額Yは

$$Y = (1+i)X$$

であり，逆に1年後Y円にするには，いますぐ

$$X = \frac{Y}{1+i}$$

だけ預金をしないといけない．それでは，いまX円をもっていたら2年後はどうなっているであろうか？ 複利という考え方の下では，1年後の$Y=(1+i)X$円にさらに1年分の利子が付いて，2年後の預金額Zは

$$Z = (1+i)Y = (1+i)^2 X$$

となる．また，2年後にZにするには，

$$X = \frac{Z}{(1+i)^2}$$

だけ預金をしないといけない．ところで，ここまでは金利の支払いを年に一度として計算してきた．しかし，現実には銀行預金の利払いが年に二度だったり，住宅ローンの複利計算は月に一度していたりする．このように年にn回利払いをする場合は，どのように計算をすればよいのであろうか？ たとえば，年に2回複利計算をする．年利がiの銀行預金にX円を預金しておけば半年後に預金は

$$Y = \left(1 + \frac{i}{2}\right)X$$

となる．1年後には複利計算で二度利子がもらえるので

$$Z = \left(1 + \frac{i}{2}\right)^2 X$$

となる．同様に，年に n 回複利計算をする場合は1年後の預金額 Y は

$$Y = \left(1 + \frac{i}{n}\right)^n X$$

となる．n が大きいときには

$$Y \approx \lim_{n \to \infty} \left(1 + \frac{i}{n}\right)^n X = e^i X \tag{5.1}$$

と近似することができる．式 (5.1) の右辺は連続的に複利計算をしている場合に相当している．計算が簡単なことより，保険やファイナンスの数理において連続的に複利計算をしている金利を用いてモデリングすることは一般的に行われている．たとえば，4章のブラック・ショールズ公式を求める際はこのような仮定の下で計算を行っていたことに注意しよう．

5.1.2 死亡率の計算

いま x 歳の人がいる．この人の余命を τ と書くこととする．この人がこの先何年生きるかはもちろんわからないので，死ぬまでの時間である τ は確率変数である．確率変数 τ の確率分布関数を $F(t)$ としよう．するとこの人が今後 t 年生存する確率は $1 - F(t)$ であり，t 年の間に死亡している確率は $F(t)$ である．また，確率変数 τ の密度関数を $f(t)$ と書くことにしよう．保険数学ではこれらの生存確率および死亡確率を $_tp_x$ および $_tq_x$ と書く．すなわち

$$_tp_x = 1 - F(t) = P[\tau > t], \qquad _tq_x = F(t) = P[\tau \leq t]$$

と書ける．また特に $t = 1$ のとき，$_1p_x$ および $_1q_x$ の 1 を省略して p_x および q_x などと書くことがあり注意が必要である．

さて，この人の余命の期待値（平均余命）は部分積分を用いれば

$$E[\tau] = \int_0^\infty tf(t)dt$$
$$= [-t(1-F(t))]_{t=0}^\infty + \int_0^\infty (1-F(t))dt$$
$$= \int_0^\infty {}_tp_x dt \tag{5.2}$$

のように計算される．ただし，計算の途中で $\lim_{t\to\infty} t(1-F(t)) = 0$ を用いているが，$1-F(t) \to 0$ $(t \to \infty)$ からだけでは $t(1-F(t)) \to 0$ $(t \to \infty)$ はいえないことに注意（t が十分大きいときに $1-F(t) = \frac{1}{\sqrt{t}}$ となる確率分布を考えてみよ）．この式を求めるには，ある年齢以上生きる人はいないということを暗に使っている．

x 歳の人が時刻 t 時点まで生きていて，時刻 $(t, t+\Delta t]$ に死亡する確率は

$$P[t < \tau \leq t+\Delta t | \tau > t] = \frac{F(t+\Delta t) - F(t)}{1-F(t)} = \frac{f(t)}{1-F(t)}\Delta t + o(\Delta t)$$

と書ける．そこで，μ_{x+t} を

$$\mu_{x+t} = \frac{f(t)}{1-F(t)} \tag{5.3}$$

で定義する．これは，統計学などではハザード・レートと呼ばれるものであるが，保険数学では死力と呼ぶ．また，2 章で扱ったマルコフ過程に即して述べると，今回のモデルは x 歳の人が生存している状態を状態 1，死亡している状態を状態 0 とするマルコフ過程と見なせる．このとき，死力 μ_{x+t} は状態 1 から 0 への推移率となっている．ところで，関係式

$$\mu_{x+t} = \frac{f(t)}{1-F(t)} = -\frac{d}{dt}\log(1-F(t)) = -\frac{d}{dt}\log {}_tp_x$$

に注意すると，

$${}_tp_x = e^{-\int_0^t \mu_{x+s}ds} \tag{5.4}$$

が成り立つ．

生命保険商品の解析をする際に，たとえば生存確率 ${}_tp_x$ を多用することになる．これらはすべて生命表をもとに計算され，保険商品の純保険料などが計算

されることとなる.しかし,死力 μ_{x+t} にある程度パラメトリックなモデルを仮定しておくと[2],純保険料の概算値の計算などで便利なことがある.ここでは,扱いがしやすく,実際の生命表に極めてフィットするパラメトリック・モデルであるゴンパーツ=メーカム・モデルを紹介しよう.メーカム・モデルは死力 μ_x を

$$\mu_x = \lambda + \frac{1}{b}e^{\frac{x-m}{b}} \tag{5.5}$$

としたモデルで,Milevsky(2006) では GOMA(Gompertz=Makeham) モデルとして紹介されている.特に,$\lambda = 0$ のときをゴンパーツ・モデルと呼ぶ.すなわち,ゴンパーツ・モデルとは死力を

$$\mu_x = \frac{1}{b}e^{\frac{x-m}{b}}$$

としたモデルである.GOMA モデルにおいて定数項 λ は,年齢に関係なく死亡が起こる事故死などのリスク分であるといわれている.実際には λ は小さい値であることが多いようである.GOMA モデルを用いると保険数学の話題が簡潔に記載できることがある.このことを Milevsky(2006) をもとにいくつか解説をしよう.たとえば,GOMA モデルの下での生存確率 $_tp_x$ は

$$\begin{aligned}
_tp_x &= e^{-\int_0^t \mu_{x+s}ds} = e^{-\lambda t}\exp\left(-\int_{\frac{x-m}{b}}^{\frac{x+t-m}{b}}e^s ds\right) = \exp\left(-\lambda t - e^{\frac{x-m}{b}}\left(e^{\frac{t}{b}}-1\right)\right) \\
&= \exp\left\{-\lambda t + b(\mu_x - \lambda)\left(1 - e^{\frac{t}{b}}\right)\right\}
\end{aligned} \tag{5.6}$$

となることが知られている.このことから平均余命は式 (5.2) を用いることで

$$\begin{aligned}
E[\tau] &= \int_0^\infty \exp\left(-\lambda t + b(\mu_x - \lambda)\left(1 - e^{\frac{t}{b}}\right)\right)dt \\
&= e^{b(\mu_x - \lambda)}\int_0^\infty \exp\left\{-\lambda t - b(\mu_x - \lambda)e^{\frac{t}{b}}\right\}dt
\end{aligned}$$

となるが,$u = b(\mu_x - \lambda)e^{\frac{t}{b}}$ と変数変換すると

$$E[\tau] = be^{b(\mu_x - \lambda)}\left\{\frac{1}{b(\mu_x - \lambda)}\right\}^{-\lambda b}\int_{b(\mu_x - \lambda)}^\infty u^{-\lambda b - 1}e^{-u}du$$

---

[2] もちろん,モデルの中のパラメータは生命表から推定する必要がある.

$$= \frac{b\Gamma(-\lambda b, b(\mu_x - \lambda))}{e^{(m-x)\lambda + b(\lambda - \mu_x)}}$$

となる．ここで，新しい関数

$$\gamma(\nu, x) = \int_0^x e^{-t} t^{\nu-1} dt, \qquad \Gamma(\nu, x) = \int_x^\infty e^{-t} t^{\nu-1} dt$$

を第1種および第2種不完全ガンマ関数という．Milevsky(2006) においてエクセルなどの表計算ソフトで不完全ガンマ関数 $\Gamma(\nu, x)$ を計算する方法が紹介されているのでここでも述べたいと思う．不完全ガンマ関数の被積分関数 $e^{-t} t^{\nu-1}$ は，$\Gamma(\nu)$ で割るとガンマ分布 $\Gamma_{\nu,1}$ の密度関数と一致する．すなわち確率変数 Z が $Z \sim \Gamma_{\nu,1}$ であるならば，不完全ガンマ関数 $\Gamma(\nu, x)$ の値は

$$P[Z > x] = \int_x^\infty \frac{e^{-t} t^{\nu-1}}{\Gamma(\nu)} dt = \frac{\Gamma(\nu, x)}{\Gamma(\nu)}$$

となる．一方，エクセルなどの表計算ソフトの中には，ガンマ分布の下側確率 $P[Z \leq x] = 1 - P[Z > x]$ を計算する機能 "GAMMADIST" が付いているので，$P[Z > x]$ を計算すれば不完全ガンマ関数の計算を表計算ソフト上で計算することができる．

5.1.3 不完全ガンマ関数の数理[3]

ここでは小野寺(1988) に基づきながら，不完全ガンマ関数の連分数による表現について少し説明をしたい．ただし，以下の近似法は $x < 2$ では収束があまりよくないことが知られており，その場合は，級数展開式を直接計算したほうが収束が早い可能性が大きいことをあらかじめ指摘しておく．これについては後のほうで少しだけ説明をする．不完全ガンマ関数について述べる前に，次のような無限級数

$$_1F_1(a, c; x) = 1 + \frac{a}{c}\frac{x}{1!} + \frac{a(a+1)}{c(c+1)}\frac{x^2}{2!} + \cdots = \sum_{n=0}^\infty \frac{(a)_n}{(c)_n}\frac{x^n}{n!} \tag{5.7}$$

について考えてみよう．ここで $(y)_n$ はポッホハンマーの記号と呼ばれ

---

[3] この箇所は後の内容と独立な上に，計算がかなり大変なので飛ばして読んでも構わない．

$$(y)_n = y \times (y+1) \times \cdots \times (y+n-1)$$

と書けるものとする．特に $(y)_0 = 1$ である．このような関数を合流型超幾何関数と呼ぶ．合流型超幾何関数を定義する際に，分母にある $(c)_n$ はどれも 0 になってはいけないので $c \neq 0, -1, -2, \ldots$ であるものとする．ここで，いくつか性質を確認しておこう．まずは $x = 0$ を代入すると

$$_1F_1(a, c; 0) = 1$$

となる．また，$a = c$ のときは

$$_1F_1(a, a; x) = \sum_{n=0}^{\infty} \frac{(a)_n}{(a)_n} \frac{x^n}{n!} = e^x \tag{5.8}$$

が成り立つ．合流型超幾何関数と似た関数として超幾何関数が挙げられる．超幾何関数は

$$_2F_1(a, b; c; x) = \sum_{n=0}^{\infty} \frac{(a)_n (b)_n}{(c)_n} \frac{x^n}{n!} \tag{5.9}$$

と表現された $|x| < 1$ で定義された関数である．この関数は後で少しだけ利用する．合流型超幾何関数は合流型超幾何微分方程式

$$x \frac{d^2 f}{dx^2} + (c - x) \frac{df}{dx} - af = 0 \tag{5.10}$$

の解である．これを確かめよう．

$$a \times {}_1F_1(a, c; x) = a + \sum_{n=1}^{\infty} a \frac{(a)_n}{(c)_n} \frac{x^n}{n!} = a + \sum_{n=1}^{\infty} a(c+n) \frac{(a)_n}{(c)_{n+1}} \frac{x^n}{n!} \tag{5.11}$$

である．また，

$$(c - x) \frac{d}{dx} {}_1F_1(a, c; x) = (c - x) \sum_{n=1}^{\infty} \frac{(a)_n}{(c)_n} \frac{x^{n-1}}{(n-1)!}$$

$$= \sum_{n=1}^{\infty} c \frac{(a)_n}{(c)_n} \frac{x^{n-1}}{(n-1)!} - \sum_{n=1}^{\infty} \frac{(a)_n}{(c)_n} \frac{x^n}{(n-1)!}$$

$$= a + \sum_{n=1}^{\infty} c \frac{(a)_{n+1}}{(c)_{n+1}} \frac{x^n}{n!} - \sum_{n=1}^{\infty} \frac{(a)_n}{(c)_n} \frac{x^n}{(n-1)!}$$

5.1 金利と死亡率　139

$$= a + \sum_{n=1}^{\infty} c(a+n)\frac{(a)_n}{(c)_{n+1}}\frac{x^n}{n!} - \sum_{n=1}^{\infty} n(c+n)\frac{(a)_n}{(c)_{n+1}}\frac{x^n}{n!}$$
(5.12)

であり，さらに

$$x\frac{d^2}{dx^2}{}_1F_1(a,c;x) = \sum_{n=2}^{\infty}\frac{(a)_n}{(c)_n}\frac{x^{n-1}}{(n-2)!} = \sum_{n=1}^{\infty}\frac{(a)_{n+1}}{(c)_{n+1}}\frac{x^n}{(n-1)!}$$
$$= \sum_{n=1}^{\infty}(a+n)n\frac{(a)_n}{(c)_{n+1}}\frac{x^n}{n!} \qquad (5.13)$$

である．これらの計算結果を方程式 (5.10) に代入する．そこで，M を

$$M = \left(x\frac{d^2}{dx^2} + (c-x)\frac{d}{dx} - a\right){}_1F_1(a,c;x)$$

とおくと，右辺は式 (5.11)，式 (5.12)，式 (5.13) より

$$M = \sum_{n=1}^{\infty}\{(a+n)n + c(a+n) - n(c+n) - a(c+n)\}\frac{(a)_n}{(c)_{n+1}}\frac{x^n}{n!} = 0$$

となり，確かに合流型超幾何微分方程式の解になっている．ところで合流型超幾何微分方程式は 2 階の方程式なのでもう一つ 1 次独立な解があるはずである．もう一つの解は，

$$x^{1-c}{}_1F_1(a+1-c, 2-c; x)$$

である．この関数が合流型超幾何関数の解になることも，地道に微分計算をすれば面倒ではあるが確認することができる．こちらの関数は $c = 2, 3, \ldots$ の場合には分母に 0 が現れるので意味を失う．ところで，トリコミ関数と呼ばれる新しい関数 $\Psi(a, c; x)$ を

$$\Psi(a,c;x) = \frac{\Gamma(1-c)}{\Gamma(a-c+1)}{}_1F_1(a,c;x) + \frac{\Gamma(c-1)}{\Gamma(a)}x^{1-c}{}_1F_1(a+1-c,2-c;x)$$
(5.14)

で定義する．トリコミ関数は二つの合流型超幾何関数の解の線形和なので，トリコミ関数自体も合流型超幾何微分方程式 (5.10) の解になっている．さて，$a = 1$ かつ $c = \nu + 1$ の場合を考えよう．すると，関係式

を用いることで

$$\Psi(1,\nu+1;x) = -\frac{1}{\nu}{}_1F_1(1,\nu+1;x) + \Gamma(\nu)x^{-\nu}{}_1F_1(1-\nu,1-\nu;x) \quad (5.15)$$

となることがわかった．ここで，第 2 項は式 (5.8) より

$$\Gamma(\nu)x^{-\nu}{}_1F_1(1-\nu,1-\nu;x) = \Gamma(\nu)x^{-\nu}e^x \quad (5.16)$$

であり，第 1 項は

$$-\frac{1}{\nu}{}_1F_1(1,\nu+1;x) = -\frac{1}{\nu}\sum_{n=0}^{\infty}\frac{n!}{(\nu+1)_n}\frac{x^n}{n!} = -\sum_{n=0}^{\infty}\frac{x^n}{\nu(\nu+1)\cdots(\nu+n)} \quad (5.17)$$

が成り立つ．第 1 項をさらに計算するために第 1 種不完全ガンマ関数 $\gamma(\nu,x)$ に関する補題を述べる．

補題 5.1 第 1 種不完全ガンマ関数について，以下の関係式が成り立つ．

$$\gamma(\nu,x) = e^{-x}x^{\nu}\sum_{n=0}^{\infty}\frac{x^n}{\nu(\nu+1)\cdots(\nu+n)} \quad (5.18)$$

この補題を用いれば式 (5.17) の右辺がさらに計算できることが見てとれるであろう．この補題を証明するには以下の補題が必要となる．

補題 5.2 超幾何関数 ${}_2F_1(a,b;c;z)$ について $\Re(c-a-b) > 0$ ならば [4]

$$_2F_1(a,b;c;1) = \frac{\Gamma(c)\Gamma(c-a-b)}{\Gamma(c-a)\Gamma(c-b)}$$

が成り立つ [5,6]．

---

[4] $\Re(c-a-b) > 0$ とは $c-a-b$ の実部が正ならばという意味であるが，この本では実領域で理解できていれば問題ないので，複素解析を勉強したことがなければ $c-a-b > 0$ ならばといっていると思って読み進めればよい．
[5] 正確には $\lim_{x\to 1} {}_2F_1(a,b;c;x)$ を意味する．
[6] $a+b < c$ が成り立つときには ${}_2F_1(a,b;c;1)$ は収束し，$a+b \geq c$ が成り立つときは発散することがガウスの判定法を用いて証明できる．詳細は酒井 (1977) を参照のこと．

これらの補題の証明は後で述べることにして，式 (5.17) に補題 5.1 を用いると

$$-\frac{1}{\nu}{}_1F_1(1,\nu+1;x) = -\sum_{n=0}^{\infty}\frac{x^n}{\nu(\nu+1)\cdots(\nu+n)} = -\gamma(\nu,x)x^{-\nu}e^x$$

となる．このことから第 1 種および第 2 種不完全ガンマ関数の定義を用いれば

$$\begin{aligned}\Psi(1,\nu+1;x) &= (\Gamma(\nu)-\gamma(\nu,x))x^{-\nu}e^x = x^{-\nu}e^x\int_x^{\infty}e^{-t}t^{\nu-1}dt \\ &= x^{-\nu}e^x\Gamma(\nu,x)\end{aligned} \tag{5.19}$$

がいえる．よって，第 2 種不完全ガンマ関数を数値的に求めるには関数 $\Psi(1,\nu+1;x)$ を計算すればよい．関数 $\Psi(1,\nu+1;x)$ の計算方法を考える前に，二つの補題の証明を終わらせておこう．まずは補題 5.1 の証明で必要となる補題 5.2 の証明を行う．

補題 5.2 の証明　いま M_n を

$$M_n = (c-a)(c-b)\frac{(a)_n(b)_n}{n!(c+1)_n} + c\left\{n\frac{(a)_n(b)_n}{n!(c)_n} - (n+1)\frac{(a)_{n+1}(b)_{n+1}}{(n+1)!(c)_{n+1}}\right\}$$

とおく．通分することで

$$\begin{aligned}M_n &= \frac{(a)_n(b)_n}{n!(c)_n}\times\left\{\frac{c(c-a)(c-b)}{c+n} + cn - c(n+1)\frac{(a+n)(b+n)}{(n+1)(n+c)}\right\} \\ &= \frac{(a)_n(b)_n}{n!(c)_n}\times\frac{c}{n+c}\times\{(c-a)(c-b)+n(n+c)-(n+a)(n+b)\} \\ &= c\{c-(a+b)\}\times\frac{(a)_n(b)_n}{n!(c)_n}\end{aligned}$$

を得る．M_n を $n=0$ から N まで足し合わせると

$$\begin{aligned}(c-a)(c-b)\sum_{n=0}^{N}\frac{(a)_n(b)_n}{n!(c+1)_n} &- (N+1)\frac{(a)_{N+1}(b)_{N+1}}{(N+1)!(c)_{N+1}} \\ &= c\{c-(a+b)\}\sum_{n=0}^{N}\frac{(a)_n(b)_n}{n!(c)_n}\end{aligned} \tag{5.20}$$

となる．ここで，スターリングの公式

$$\Gamma(x)\sim\sqrt{2\pi}\,x^{x-\frac{1}{2}}e^{-x} \qquad (x\to\infty)$$

とよく知られた関係式 $(1+\frac{1}{N})^N \sim e$ を用いると

$$
\begin{aligned}
(N+1)\frac{(a)_{N+1}(b)_{N+1}}{(N+1)!(c)_{N+1}} &= \frac{\Gamma(c)}{\Gamma(a)\Gamma(b)}\frac{\Gamma(a+N+1)\Gamma(b+N+1)}{\Gamma(N+1)\Gamma(c+N+1)} \\
&\sim \frac{\Gamma(c)}{\Gamma(a)\Gamma(b)}e^{-a-b+c}\frac{(a+N+1)^{a+N+\frac{1}{2}}(b+N+1)^{b+N+\frac{1}{2}}}{(N+1)^{N+\frac{1}{2}}(c+N+1)^{c+N+\frac{1}{2}}} \\
&\sim O(N^{a+b-c})
\end{aligned}
$$

よって，関係式 $\Re(a+b-c)<0$ に注意しながら，式 (5.20) に極限 $N \to \infty$ をとると

$$(c-a)(c-b)\,{}_2F_1(a,b;c+1;1) = c\{c-(a+b)\}\,{}_2F_1(a,b;c;1)$$

が成り立つ．したがって，

$${}_2F_1(a,b;c;1) = \frac{(c-a)(c-b)}{c(c-a-b)}\,{}_2F_1(a,b;c+1;1)$$

であることがわかった．この式を繰り返し使用することで

$$
\begin{aligned}
{}_2F_1(a,b;c;1) &= \prod_{k=0}^{N-1}\frac{(c+k-a)(c+k-b)}{(c+k)(c+k-a-b)} \times {}_2F_1(a,b;c+N;1) \\
&= \frac{(c-a)_N(c-b)_N}{(c)_N(c-a-b)_N} \times {}_2F_1(a,b;c+N;1) \quad (5.21)
\end{aligned}
$$

が成り立つ．再びスターリングの公式と関係式 $(1+\frac{1}{N})^N \sim e$ を用いれば

$$
\begin{aligned}
\frac{(c-a)_N(c-b)_N}{(c)_N(c-a-b)_N} &= \frac{\Gamma(c)\Gamma(c-a-b)}{\Gamma(c-a)\Gamma(c-b)}\frac{\Gamma(c-a+N)\Gamma(c-b+N)}{\Gamma(c+N)\Gamma(c-a-b+N)} \\
&\sim \frac{\Gamma(c)\Gamma(c-a-b)}{\Gamma(c-a)\Gamma(c-b)}\frac{(c-a+N)^{c-a+N-1/2}(c-b+N)^{c-b+N-1/2}}{(c+N)^{c+N-1/2}(c-a-b+N)^{c-a-b+N-1/2}} \\
&\sim \frac{\Gamma(c)\Gamma(c-a-b)}{\Gamma(c-a)\Gamma(c-b)} \quad (N \to \infty)
\end{aligned}
$$

となる．一方，${}_2F_1(a,b;c+N;z)$ は

$${}_2F_1(a,b;c+N;1) = 1 + \sum_{n=1}^{\infty}\frac{(a)_n(b)_n}{(c+N)_n n!}$$

であるが，級数の各項 $\frac{(a)_n(b)_n}{(c+N)_n n!}$ は N を大きくすると

となるので [7],
$$_2F_1(a,b;c+N;1) \to 1 \quad (N \to \infty)$$
も成り立つ．これらの結果を合わせると式 (5.21) から
$$_2F_1(a,b;c;1) = \frac{\Gamma(c)\Gamma(c-a-b)}{\Gamma(c-a)\Gamma(c-b)}$$
であることがわかった． □

補題 5.1 の証明 第 1 種不完全ガンマ関数 $\gamma(\nu, x)$ の定義から
$$\gamma(\nu,x) = \int_0^x \sum_{n=0}^\infty \frac{(-1)^n t^{n+\nu-1}}{n!} dt = \sum_{n=0}^\infty \frac{(-1)^n x^{\nu+n}}{n!(\nu+n)} = \frac{x^\nu}{\nu} \sum_{n=0}^\infty \frac{(\nu)_n}{(\nu+1)_n} \frac{(-x)^n}{n!}$$
と式変形できる．すなわち合流型超幾何関数を用いて
$$\gamma(\nu,x) = \frac{x^\nu}{\nu} {}_1F_1(\nu,\nu+1;-x) \tag{5.22}$$
と書ける．ここで，実は
$$_1F_1(a,c;x) = e^x {}_1F_1(c-a,c;-x) \tag{5.23}$$
が成り立つ（クンマー変換）．これを用いれば式 (5.22) は
$$\gamma(\nu,x) = \frac{x^\nu}{\nu} e^{-x} {}_1F_1(1,\nu+1,x) = \frac{x^\nu}{\nu} e^{-x} \sum_{n=0}^\infty \frac{(1)_n}{(\nu+1)_n n!} x^n$$
$$= e^{-x} x^\nu \sum_{n=0}^\infty \frac{x^n}{\nu(\nu+1)\cdots(\nu+n)}$$
が成り立つ．よって補題が示されたことになる．後はクンマー変換 (5.23) が証明されれば，この補題は示されたことになる．

---

[7] 各項が 0 に収束すれば全体も 0 に収束するというのは，一般には成り立たないので不正確（というか間違え）である．実際は極限 $\lim_{N\to\infty}$ と和記号 $\sum_{n=1}^\infty$ の交換を考えないといけない．「とりあえず」そのまま読み進めてもよいが，正確には以下のように考える．十分大きな M までの有限和が N を大きくすると 0 に収束するのは問題がないであろう．M を十分大きくとったので，M 項より先の項は n についてスターリングの公式を用いてオーダー評価ができる．N を固定して各項をオーダー評価をすると $\frac{(a)_n (b)_n}{(c+N)_n n!} = O(\frac{1}{n}^{\Re(c-a-b)+N+1})$ となる．その上で M 項目より先の和をとり N を大きくすると無限和は 0 に収束することが示せる．

$$e^{-x}{}_1F_1(a,c;x) = \sum_{k=0}^{\infty}\frac{(-x)^k}{k!}\sum_{m=0}^{\infty}\frac{(a)_m}{(c)_m}\frac{x^m}{m!} = \sum_{n=0}^{\infty}\sum_{k+m=n}\frac{(-x)^k}{k!}\frac{(a)_m}{(c)_m}\frac{x^m}{m!}$$
$$= \sum_{n=0}^{\infty}x^n\sum_{m=0}^{n}\frac{(-1)^{n-m}}{(n-m)!}\frac{(a)_m}{(c)_m m!} = \sum_{n=0}^{\infty}\frac{(-1)^n x^n}{n!}\sum_{m=0}^{n}\frac{(-1)^m n!}{(n-m)!}\frac{(a)_m}{(c)_m m!}$$

である.ところが

$$\frac{(-1)^m n!}{(n-m)!} = (-1)^m(n-m+1)(n-m+2)\cdots(n-1)n$$
$$= (-n)(-n+1)\cdots(-n+m-2)(-n+m-1) = (-n)_m$$

が成り立つので,

$$e^{-x}{}_1F_1(a,c;x) = \sum_{n=0}^{\infty}\frac{(-1)^n x^n}{n!}\sum_{m=0}^{n}\frac{(-n)_m(a)_m}{(c)_m m!}$$
$$= \sum_{n=0}^{\infty}\frac{(-1)^n x^n}{n!}{}_2F_1(-n,a;c;1) \qquad (5.24)$$

となる[8].ここで,補題 5.2 を用いると

$$_2F_1(-n,a;c;1) = \frac{\Gamma(c)\Gamma(c-a+n)}{\Gamma(c+n)\Gamma(c-a)} = \frac{(c-a)_n}{(c)_n}$$

が求まる.このことから式 (5.24) はもう少し計算ができて

$$e^{-x}{}_1F_1(a,c;x) = \sum_{n=0}^{\infty}\frac{(c-a)_n}{(c)_n}\frac{(-x)^n}{n!} = {}_1F_1(c-a;c;-x)$$

が成り立つ.よって,式 (5.23) がいえた. □

さて,$\Psi(1,\nu+1;x)$ の計算法を考えるにあたり,関数 $\Psi(a,c;x)$ の性質を少し調べてみたい.そこで,以下のような計算をすると

$$a\,{}_1F_1(a+1,c;x) + (1-c)\,{}_1F_1(a,c-1;x)$$
$$= a\sum_{n=0}^{\infty}\frac{(a+1)_n}{(c)_n}\frac{x^n}{n!} + (1-c)\sum_{n=0}^{\infty}\frac{(a)_n}{(c-1)_n}\frac{x^n}{n!} = \sum_{n=0}^{\infty}\left\{\frac{a(a+1)_n}{(c)_n} + \frac{(1-c)(a)_n}{(c-1)_n}\right\}\frac{x^n}{n!}$$
$$= \sum_{n=0}^{\infty}\{(a+n)-(c-1+n)\}\frac{(a)_n}{(c)_n}\frac{x^n}{n!} = (a-c+1)\,{}_1F_1(a,c;x) \qquad (5.25)$$

---

[8] n が正の整数のとき $(-n)_{n+1} = (-n)_{n+2} = \cdots = 0$ に注意.

が成り立つ．また，合流型超幾何関数の差 $_1F_1(\alpha,\gamma-1;x)-{_1F_1}(\alpha-1,\gamma-1;x)$ を計算する．二つの合流型超幾何関数の無限和の第 1 項目は両方 1 であり等しいので

$$_1F_1(\alpha,\gamma-1;x)-{_1F_1}(\alpha-1,\gamma-1;x)=\sum_{n=1}^{\infty}\left\{\frac{(\alpha)_n}{(\gamma-1)_n}-\frac{(\alpha-1)_n}{(\gamma-1)_n}\right\}\frac{x^n}{n!}$$

となるが

$$(\alpha)_n-(\alpha-1)_n=\{(\alpha+n-1)-(\alpha-1)\}(\alpha)_{n-1}=n(\alpha)_{n-1}$$

に注意すれば

$$\begin{aligned}&{_1F_1}(\alpha,\gamma-1;x)-{_1F_1}(\alpha-1,\gamma-1;x)\\&=\frac{x}{\gamma-1}\sum_{n=1}^{\infty}\frac{(\alpha)_{n-1}}{(\gamma)_{n-1}}\frac{x^{n-1}}{(n-1)!}=\frac{x}{\gamma-1}{_1F_1}(\alpha,\gamma;x)\end{aligned}\quad(5.26)$$

となることがわかる．α と γ を $\alpha=a-c+2$, $\gamma=3-c$ とおけば

$${_1F_1}(a-c+1,2-c;x)={_1F_1}(a-c+2,2-c;x)+\frac{x}{c-2}{_1F_1}(a-c+2,3-c;x)\quad(5.27)$$

がいえる[9]．式 (5.25) を $\frac{\Gamma(1-c)}{\Gamma(a-c+1)}$ 倍し，式 (5.27) を $\frac{\Gamma(c-1)}{\Gamma(a)}x^{1-c}$ 倍して足し合わせると，関数 $\Psi(a,c;x)$ が式 (5.14) で定義されていることから

$$\begin{aligned}\Psi(a,c;x)&=\frac{\Gamma(1-c)}{\Gamma(a-c+1)}{_1F_1}(a,c;x)+\frac{\Gamma(c-1)}{\Gamma(a)}x^{1-c}{_1F_1}(a-c+1,2-c;x)\\&=a\left\{\frac{\Gamma(1-c)}{\Gamma(a-c+2)}{_1F_1}(a+1,c;x)+\frac{\Gamma(c-1)}{\Gamma(a+1)}x^{1-c}{_1F_1}(a-c+2,2-c;x)\right\}\\&\quad+\left\{\frac{\Gamma(2-c)}{\Gamma(a-c+2)}{_1F_1}(a,c-1;x)+\frac{\Gamma(c-2)}{\Gamma(a)}x^{2-c}{_1F_1}(a-c+2,3-c;x)\right\}\\&=a\Psi(a+1,c;x)+\Psi(a,c-1;x)\end{aligned}\quad(5.28)$$

が成り立つ．式 (5.26) において $\alpha=a$ および $\gamma=c+1$ とおけば

$$c\,{_1F_1}(a,c;x)=x\,{_1F_1}(a,c+1;x)+c\,{_1F_1}(a-1,c;x)\quad(5.29)$$

---
[9] 式 (5.27) の左辺は式 (5.26) の左辺第 2 項．

がいえる.また,式 (5.25) の中の a を $a-c$ に,c を $2-c$ に書き換えると

$$(c-a)_1F_1(a-c+1,2-c;x)$$
$$= (c-1)_1F_1(a-c,1-c;x) - (a-1)_1F_1(a-c,2-c;x) \quad (5.30)$$

が成り立つ.式 (5.29) と式 (5.30) を用いれば

$$(c-a)\Psi(a,c;x) = x\Psi(a,c+1;x) - \Psi(a-1,c;x) \quad (5.31)$$

も示すことができる.これで準備ができたので,$\Psi(1,\nu+1;x)$ の計算方法を考察しよう.まず,式 (5.28) より

$$\frac{\Psi(a,c+1;x)}{\Psi(a,c;x)} = \frac{a\Psi(a+1,c+1;x) + \Psi(a,c;x)}{\Psi(a,c;x)} = 1 + \frac{a/x}{\frac{\Psi(a,c;x)}{x\Psi(a+1,c+1;x)}} \quad (5.32)$$

が得られる.さらに,式 (5.31) を用いると,

$$\frac{\Psi(a,c;x)}{x\Psi(a+1,c+1;x)} = \frac{x\Psi(a+1,c+1;x) - (c-a-1)\Psi(a+1,c;x)}{x\Psi(a+1,c+1;x)}$$
$$= 1 + \frac{(a+1-c)/x}{\frac{\Psi(a+1,c+1;x)}{\Psi(a+1,c;x)}} \quad (5.33)$$

も成り立つ.式 (5.32) と式 (5.33) を組み合わせて

$$\frac{\Psi(a,c+1;x)}{\Psi(a,c;x)} = 1 + \frac{a/x}{1 + \frac{(a+1-c)/x}{\frac{\Psi(a+1,c+1;x)}{\Psi(a+1,c;x)}}} \quad (5.34)$$

となる.ここで,式 (5.33) において $a=0$ および $c=\nu$ とおく[10].$\Psi(0,\nu;x) = 1$ なので

$$\frac{1}{x\Psi(1,\nu+1;x)} = 1 + \frac{(1-\nu)/x}{\frac{\Psi(1,\nu+1;x)}{\Psi(1,\nu;x)}}$$

となる.逆数をとると

---

[10] 正確には $a=0$ を代入するとトリコミ関数の定義式 (5.14) の分母にある $\Gamma(a)$ が定義できないので式として意味をなさない.ところが,$\lim_{x\to\pm 0}\Gamma(x) = \pm\infty$ が成り立つので式 (5.14) の第 2 項目は 0 と見ている.

$$\Psi(1,\nu+1;x) = \cfrac{1/x}{1+\cfrac{(1-\nu)/x}{\frac{\Psi(1,1+\nu;x)}{\Psi(1,\nu;x)}}}$$

がわかる．そこで式 (5.34) を代入する．これらの計算を繰り返しやっていくと最終的に

$$\Gamma(\nu,x) = \cfrac{e^{-x}x^{\nu-1}}{1+\cfrac{(1-\nu)/x}{1+\cfrac{1/x}{1+\cfrac{(2-\nu)/x}{1+\cfrac{2/x}{1+\cfrac{(3-\nu)/x}{1+\cfrac{3/x}{1+\cdots}}}}}}}$$

を計算すればよいこととなる．このような表現を連分数展開という．

不完全ガンマ関数は連分数で表せることがわかったが，無限に連分数を計算することはできないので，数値計算を行う際は適当な項まで計算して近似することとなる．そこで連分数の効率的な計算法について考えてみよう．有限な項までで打ち切った連分数を

$$R_n = \cfrac{b_1}{a_1 + \cfrac{b_2}{\ddots + \cfrac{b_{n-2}}{a_{n-2}+\cfrac{b_{n-1}}{a_{n-1}+\frac{b_n}{a_n}}}}} \tag{5.35}$$

とおく．n をあらかじめ決めて R_n を計算すると，R_n の収束具合を見て n を決めることができず計算が不効率である．そこで，何とか $R_1, R_2, R_3, \cdots$ と前から順々に R_n を計算したい．そのための方法を説明しよう．まず，次の 1 次分数関数

$$y = f(x) = \frac{ax+b}{cx+d} \quad (ad-bc \neq 0)$$

を考えてみよう．ただし以下の議論においてすべての分数関数には分母が 0 になるような数は代入しないものとする．また，もう一つ別の 1 次分数関数

$$z = g(y) = \frac{py+q}{ry+s} \quad (ps-qr \neq 0)$$

を準備し，合成関数 $z = g(f(x))$ を計算してみよう．すると

$$z = \frac{p\frac{ax+b}{cx+d}+q}{r\frac{ax+b}{cx+d}+s} = \frac{(ap+cq)x+(bp+dq)}{(ar+cs)x+(br+ds)} \tag{5.36}$$

となる. 一方で行列

$$B = \begin{pmatrix} p & q \\ r & s \end{pmatrix}, \qquad A = \begin{pmatrix} a & b \\ c & d \end{pmatrix}$$

の積は

$$BA = \begin{pmatrix} ap+cq & bp+dq \\ ar+cs & br+ds \end{pmatrix}$$

で与えられる. 式 (5.36) とよく比較してみると $(1,1)$ 要素は分子にある x の係数, $(2,1)$ 要素は分母にある x の係数, $(1,2)$ 要素は分子の定数項, $(2,2)$ 要素は分母の定数項と等しい. このことから行列の積を計算すれば, 1 次分数関数同士の合成関数がどのような関数になるのかが計算できることがわかった. さて式 (5.35) で与えられる R_n を計算するには, まずは一番奥にある数 $r_{n-1} = a_{n-1} + \frac{b_n}{a_n}$ を計算したくなる. そこで 1 次分数関数 $f_{n-1}(x_n)$

$$f_{n-1}(x_n) = a_{n-1} + \frac{b_n}{x_n} = \frac{a_{n-1}x_n + b_n}{x_n}$$

を導入しよう. もちろん

$$r_{n-1} = a_{n-1} + \frac{b_n}{a_n} = f_{n-1}(a_n)$$

である. r_{n-1} より一つだけ手前に位置する数

$$r_{n-2} = a_{n-2} + \frac{b_{n-1}}{a_{n-1} + \frac{b_n}{a_n}}$$

を計算するには, 1 次分数関数 $f_{n-2}(x_{n-1})$ を

$$f_{n-2}(x_{n-1}) = a_{n-2} + \frac{b_{n-1}}{x_{n-1}} = \frac{a_{n-2}x_{n-1} + b_{n-1}}{x_{n-1}}$$

として導入するとよい. この関数を用いると

$$r_{n-2} = f_{n-2}(r_{n-1}) = f_{n-2}(f_{n-1}(a_n))$$

であることがわかる. これを繰り返していけば

$$R_n = f_1\bigl(f_2(\cdots f_{n-1}(a_n))\bigr)$$

であることがわかる．ただし最後の関数 $f_1(x)$ は連分数 (5.35) に "a_0" の項がないので $f_1(x) = \frac{b_1}{x}$ となる．合成関数 $f_1(f_2(\cdots f_{n-1}(x)))$ も1次分数関数であり，行列の積

$$\begin{pmatrix} \rho_{11}^{(n)} & \rho_{12}^{(n)} \\ \rho_{21}^{(n)} & \rho_{22}^{(n)} \end{pmatrix} = \begin{pmatrix} 0 & b_1 \\ 1 & 0 \end{pmatrix} \begin{pmatrix} a_1 & b_2 \\ 1 & 0 \end{pmatrix} \cdots \begin{pmatrix} a_{n-1} & b_n \\ 1 & 0 \end{pmatrix}$$

を計算することで各係数が求まる．個々の係数を求めれば，

$$R_n = f_1\bigl(f_2(\cdots f_{n-1}(a_n))\bigr) = \frac{\rho_{11}^{(n)} a_n + \rho_{12}^{(n)}}{\rho_{21}^{(n)} a_n + \rho_{22}^{(n)}}$$

と上から計算することができる．これで不完全ガンマ関数の近似値を計算することができた．連分数の性質は，遠山 (1972) などの初等整数論の教科書にしばしば解説を見つけることができる．ところで，すでに述べたように，連分数による近似は x が大きいときに近似精度がよい傾向がある．そのため $x > 2$ のときに不完全ガンマ関数を計算するには連分数展開を用いるのは一つの手である．一方で，x がそこまで大きくないときは級数展開 (5.19) と式 (5.7) を用いて計算すればよい．不完全ガンマ関数が計算できると正規分布の確率分布関数 $F(x)$ は $x > 0$ のときに

$$\begin{aligned} F(x) &= 1 - \frac{1}{\sqrt{2\pi}} \int_x^\infty e^{-\frac{u^2}{2}} du = 1 - \frac{1}{2\sqrt{\pi}} \int_{x^2/2}^\infty u^{-\frac{1}{2}} e^{-u} du \\ &= 1 - \frac{1}{2\sqrt{\pi}} \Gamma\left(\frac{1}{2}, \frac{x^2}{2}\right) \end{aligned}$$

がいえるので，正規分布の分布関数なども計算できるようになる．

5.2 保険料と責任準備金の計算

保険商品の責任準備金の計算は，ほとんどすべての生命保険数学の教科書で扱われているものと思う．たとえばゲルバー (2007)，Koller(2002) などを参照せよ．この節でもやはり責任準備金の評価について考察を行いたい．

5.2.1 一時払い純保険料の計算

まずは，通常の保険商品はどのような要素に分解されるのかを考えてみよう．一つ目の要素は，契約時に契約者が保険会社にいくらか払うことがあるかもしれない．この額を π_0 と書くことにしよう．次に，保険契約を維持するために契約者は毎月保険会社に保険料を支払う必要があるかもしれない．微小時間 $[t, t+\Delta t]$ において，保険料が $\pi(t)\Delta t$ であるものとする．また，その一方で保険会社は契約者に年金や入院保険などの保険金支払いをしないといけないかもしれない．微小時間 $[t, t+\Delta t]$ における，この保険金支払額を $a(t)\Delta t$ と書くものとしよう．ところで，二つの関数 $\pi(t)$ と $a(t)$ は常に非負の値をとることに気が付いてほしい．最後に，満期において保険金が支払われるかもしれない．α が支払われるとしよう．すると，保険契約の満期時刻 T までの契約者の収支 X は

$$X = -\pi_0 - \int_0^T \pi(s)ds + \int_0^T a(s)ds + \alpha \tag{5.37}$$

となる．ここまでの計算で，いくつか気になることがあると思う．たとえば，金利の効果を考えていないことが挙げられる．他にも，受取・支払額は契約者の死亡時刻や健康状態などに依存しており，確率的な構造がともなうはずなのにそれがわかりにくいことである．これらの反省を踏まえてモデルをもう少し一般化しよう．一つ目の問題に対処するためには，金利を導入すればよい．瞬間金利を r としてモデリングを行う．また，契約者の健康状態をモデルに組み込むべきという二つ目の問題に対処するために，状態が $n+1$ 個ある連続時間マルコフ過程を考える．状態全体の集合を $\mathcal{S}$ と書くことにしよう．各状態は，健康な状態や病気の状態，事故で怪我した状態，死亡してしまった状態などが割り振られている．連生保険などを考える場合は夫婦で健康な状態，夫だけが死亡した状態，妻だけが死亡した状態，夫婦ともに死亡した状態などを考えることもできる．ここでは問題の簡略化のため，契約者は一人だけであるものとする．すなわち連生年金などは考えない．また，保険の満期を T としよう．ただし，終身保険など満期のない商品を考える際は，満期 T は $T = \infty$ を満たすものとする．特に，このモデルにおける死亡状態を状態 0 に割り振ることとしよう．すなわち，契約者の健康状態がマルコフ過程 $X_t(\omega)$ を用いて表されるならば，$X_t(\omega) = 0$ となれば吸収状態になっており，契約者は死亡したと解釈する

ものとする．保険金の支払いが発生する時点は以下の次のようなケースが考えられる．

(1) 保険が満期に達したとき．満期時において契約者の状態が i であるものとする．すなわち $X_T(\omega) = i$ ならば，キャッシュフロー $\alpha_i(T)$ が発生する．

(2) 健康状態が変わったとき，すなわち，健康状態を表すマルコフ過程の状態が他の状態に移ったときに，一定のまとまった額が支払われる．ここでは，時刻 t において状態 i から状態 j に移ると $a_{ij}(t)$ が支払われるものとする．ところで，確率過程 $N_{i,j}(t)$ が，時刻 0 から t までの間に状態が i から j に移った回数を表すものとする．すると

$$A_{i,j}(t,\omega) = \sum_{u \leq t} \Delta A_{i,j}(u,\omega), \qquad \Delta A_{i,j}(t,\omega) = a_{ij}(t) dN_{ij}(t,\omega)$$

とおけば，確率過程 $A_{i,j}(t,\omega)$ は時刻 t までに状態が i から j に移ったことによって発生したキャッシュ・フローの総額を表している．また，$\Delta A_{i,j}(t,\omega)$ は

$$\Delta A_{i,j}(t,\omega) = A_{i,j}(t,\omega) - A_{i,j}(t-,\omega)$$

とも表すことができ，ちょうど時刻 t において状態が i から j に変化していればキャッシュ・フローが発生し，それ以外のときはキャッシュ・フローが発生しないことを表す．以下のすべての議論において $a_{ij}(t) \geq 0$ を仮定する．すなわち状態が変化して発生するキャッシュ・フローは保険会社から契約者への支払い，つまり保険金しかないことを仮定していることになる．

(3) 時刻 t において契約者がマルコフ過程の状態 i にある場合，すなわち $X_t(\omega) = i$ の場合にのみ保険会社と一定額のやりとりがあるケースを考える．このやりとりは，契約者が保険会社から保険金を受け取る場合と保険料を支払わないといけない場合の2通りがある．保険金を受け取る場合として，保険契約者が微小な時刻 $[t, t+\Delta t]$ においてマルコフ過程の状態が i にある場合に，コンスタントに保険金の受け取り $a_i(t)\Delta t$ が発生する場合を考えよう．このような事例としては，たとえば，生存している限り年金が毎月支払われたり，入院状態である限り保険金が毎日支払われたり，健康な限り保険金が毎月支払われる

などという例が考えられる．また逆に保険料を支払うケースとして，時刻 t において契約者が状態 i にある限り同じ微小な時刻 $[t, t+\Delta t]$ において，保険会社に支払わないといけない保険料を $\pi_i(t)\Delta t$ と書くとしよう．

ここまでの議論に金利の効果を入れてみよう．もし，時刻 t までに契約者の健康状態がどのように推移するかがあらかじめわかっていたら[11]，将来受け取る保険金の総額の割引現在価値 Z は

$$Z = \sum_{i \in \mathcal{S}} \int_0^T v(t) I_i(t, X_s) a_i(t) ds + \sum_{i \in \mathcal{S}} v(T) I_i(T, X_s) \alpha_i(T)$$
$$+ \sum_{i,j \in \mathcal{S}, i \neq j} \int_0^T v(t) a_{ij}(t) dN_{ij}(t, \omega) \tag{5.38}$$

となる．この Z のことを保険金現価という．ただし $v(t)$ は割引率であり，割引に用いる利率を r（予定利率）とすれば，$v(t) = e^{-rt}$ となる．また，$I_i(t, X_t)$ はインディケーター関数で，時刻 t における契約者の状態が i にあれば 1 をとり，それ以外では 0 をとるものとする．すなわち

$$I_i(t, i) = 1, \qquad I_i(t, j) = 0 \quad (j \neq i).$$

である．ここで，Z を表現するのに確率積分 $\int_0^\infty v(t) a_{ij}(t) dN_{ij}(t, \omega)$ を用いたが，おおざっぱにいうと $t_n = n\Delta t$ を用いて $\{t_n\}_{n=0}^\infty$ という細分を考えて，

$$\sum_{n=0}^\infty v(t_n) a_{ij}(t_n) (N_{ij}(t_{n+1}, \omega) - N_{ij}(t_n, \omega))$$

を計算していることに対応している．式中の $N_{ij}(t_{n+1}, \omega) - N_{ij}(t_n, \omega)$ は，時刻 t_{n+1} までにマルコフ過程 $X(t)$ の状態が i から j に移った回数から t_n までに移った回数を引いているので，結局は時刻 $[t_n, t_{n+1}]$ の間にマルコフ過程の状態が i から j に移った回数を表している．その上で細分のメッシュ幅について $\Delta t \to 0$ という極限をとったものが $\int_0^\infty v(t) a_{ij}(t) dN_{ij}(t, \omega)$ であると考えておけばよい．また，保険料についても考えてみよう．保険料は時刻 0 においてまとまった額 π を支払い，微小な時刻 $[t, t+\Delta t]$ においてマルコフ過程の状態が i にある場合

---
[11] すなわち生死や健康状態 $\{X_t\}$ がランダムではなくあらかじめ決定論的に決まっていたら．

に，コンスタントに保険金の支払い $\pi_i(t)\Delta t$ が発生する場合を考える．保険金の場合と同様に将来支払う保険料現価は

$$Y = \pi + \sum_{i \in \mathcal{S}} \int_0^\infty v(t) I_i(t, X_t) \pi_i(t) dt \tag{5.39}$$

となる．このことから，契約により発生するキャッシュフローの割引現在価値は $L = Z - Y$ となる．ところで，初めに「時刻 t までに契約者の健康状態がどのように推移するかがあらかじめわかっていたら」と書いたが，もちろんそんなに都合のよい話はないので，式 (5.38) と式 (5.39) は確率変数であると理解するべきである．つまり $\{X_t\}$ は確率過程と見るべきである．よって式 (5.38) や式 (5.39) で表される保険金現価や保険料現価は，契約者の今後の健康状態の推移によって値が変わる．式 (5.38) の期待値 $E[Z]$ を一時払い純保険料と呼ぶ．さて，ここではさまざまな保険商品の一時払い純保険料を計算しよう．ただし，モデルの簡略化のため，状態が二つ（生存と死亡）のみのマルコフ過程を考えるものとする．すなわち，状態は 0 と 1 の二つのみであり，状態 0 が死亡（吸収状態）で状態 1 が生存状態であるものとする．さて，契約者の死亡時刻を τ とおこう．すると $N_{1,0}(t) = 1_{\tau \leq t}$ が成り立つ．また，確率変数 τ の密度関数を $f(t)$ と書くことにする．たとえば，死亡率が GOMA モデルに従うときは式 (5.3) より

$$\begin{aligned} f(t) &= \mu_{x+t}(1 - F(t)) = \mu_{x+t} \times {}_tp_x \\ &= \exp\{-\lambda t + b(\mu_x - \lambda)(1 - e^{t/b})\} \left(\lambda + \frac{1}{b} e^{\frac{x+t-m}{b}}\right) \end{aligned}$$

となる．

(1) 終身年金

終身年金とは，契約者が死亡するまで支払われ続ける年金である．ここでは，簡略化のため時刻 $[t, t+\Delta t]$ において Δt だけ支払われるものとする．すなわち単位時間ごとに 1 支払われる年金を考える．これは式 (5.38) において

$$a_0(t) = 0, \; a_1(t) = 1, \qquad a_{10}(t) = 0$$

としたこととなる．するとその保険料現価 Z は

であり，一時払い純保険料は

$$\bar{a}_x = \int_0^\infty e^{-rt} E[1_{t \leq \tau}] dt = \int_0^\infty e^{-rt} {}_t p_x dt$$

となる．特に，死亡率が GOMA モデルで書ければ，式 (5.6) によると ${}_t p_x = \exp\{-\lambda t + b(\mu_x - \lambda)(1 - e^{t/b})\}$ が成り立つのでこの式を使って計算すれば

$$\bar{a}_x = e^{b(\mu_x - \lambda)} \int_0^\infty e^{-(\lambda+r)t - b(\mu_x - \lambda) e^{\frac{t}{b}}} dt$$

となる．これは，GOMA モデルにおける平均余命の計算と同じ手順で計算することができ，

$$\bar{a}_x = \frac{b\Gamma(-(\lambda+r)b, \exp(\frac{x-m}{b}))}{\exp\{(m-x)(\lambda+r) - \exp(\frac{x-m}{b})\}}$$

となることがわかる．

(2) 有期年金

有期年金とは，満期以前であれば契約者が死亡するまで支払われ続ける年金である．基本的には終身年金と同じ年金支払いがあるが，満期 T を過ぎたら年金の支払いがなくなる．終身年金と同様に考えれば保険料現価 Z は

$$Z = \int_0^T v(t) 1_{t \leq \tau} dt$$

であり，一時払い純保険料は

$$\bar{a}_{x:\overline{T}|} = \int_0^T e^{-rt} E[1_{t \leq \tau}] dt = \int_0^T e^{-rt} {}_t p_x dt$$

となる．死亡率が GOMA モデルに従う場合には

$$\bar{a}_{x:\overline{T}|} = e^{b(\mu_x - \lambda)} \int_0^T e^{-(\lambda+r)t - b(\mu_x - \lambda) e^{\frac{t}{b}}} dt$$

$$= e^{b(\mu_x - \lambda)} \int_0^\infty e^{-(\lambda+r)t - b(\mu_x - \lambda) e^{\frac{t}{b}}} dt - e^{b(\mu_x - \lambda)} \int_T^\infty e^{-(\lambda+r)t - b(\mu_x - \lambda) e^{\frac{t}{b}}} dt$$

を計算すればよい．第 1 項目は終身年金の一時払い純保険料と等しい．第 2 項目も終身年金と同様の方法で計算すれば，GOMA モデルの平均余命の計算と似た形の積分が出てくるのでこの項も計算することができる．計算していくと最終的に

$$\bar{a}_{x:\overline{T}|} = \frac{b\Gamma(-(\lambda+r)b, \exp(\frac{x-m}{b}))}{\exp\{(m-x)(\lambda+r) - \exp(\frac{x-m}{b})\}} - \frac{b\Gamma(-(\lambda+r)b, \exp(\frac{x+T-m}{b}))}{\exp\{(m-x)(\lambda+r) - \exp(\frac{x-m}{b})\}}$$

となる．

(3) 終身保険

 終身保険とは，死亡した時点であらかじめ決められた保険金が支払われる契約である．ここで，保険金を 1 と規格化して計算する．死亡したタイミングでしか保険金はもらうことができないので，式 (5.38) において，

$$a_0(t) = a_1(t) = 0$$

が成り立つ．また，死亡した時点でのみ保険金がもらえるので

$$a_{10}(t) = 1$$

もいえる．なお，普通は死亡した人が生き返っても保険金を受け取る契約にはなっていないので，$a_{01}(t) = 0$ である．すると保険金現価は

$$Z = \int_0^\infty v(t) dN_{10}(t) = v(\tau)$$

であり，一時払い純保険料 $\bar{A}_x$ は

$$\bar{A}_x = E[v(\tau)] = \int_0^\infty e^{-rt} f(t) dt \tag{5.40}$$

である．ここで，$f(t)$ は現在 x 歳の契約者が死亡する時刻 τ の確率密度関数であり，$F(t)$ を τ の確率分布関数とすると式 (5.40) はさらに計算ができて

$$\begin{aligned}\bar{A}_x &= [e^{-rt}F(t)]_0^\infty + r\int_0^\infty e^{-rt}F(t)dt = r\int_0^\infty e^{-rt}(1 - {}_tp_x)dt \\ &= 1 - r\bar{a}_x\end{aligned}$$

という関係式も成り立つ．この式から死亡率が GOMA モデルによって書けているときは

$$\bar{A}_x = 1 - \frac{rb\Gamma(-(\lambda+r)b, \exp(\frac{x-m}{b}))}{\exp\{(m-x)(\lambda+r) - \exp(\frac{x-m}{b})\}}$$

と計算できることがわかる．

(4) 定期保険

定期保険とは満期 T までに死亡した場合に限り，死亡した時点で保険金が支払われる契約である．すなわち，基本的には終身保険と同じ商品ではあるが，満期があるという点が異なっていると考えればよい．終身保険と同様に考えれば

$$a_0(t) = a_1(t) = 0, \qquad a_{10}(t) = 1_{0 \leq t \leq T}, \qquad \alpha_i(T) = 0$$

が成り立つ．定期保険の保険金現価は

$$Z = \int_0^\infty v(t) 1_{0 \leq t \leq T} dN_{10}(t) = v(\tau) 1_{0 \leq \tau \leq T}$$

であり，一時払い純保険料 $\bar{A}^1_{x:\overline{T}|}$ は有期年金の一時払い保険料を用いて

$$\begin{aligned}
\bar{A}^1_{x:\overline{T}|} &= E[v(\tau) 1_{\tau \leq T}] = \int_0^T e^{-rt} f(t) dt \\
&= [e^{-rt}(F(t) - 1)]_0^T + r \int_0^T e^{-rt}(F(t) - 1) dt \\
&= 1 - e^{-rT} {}_T p_x - r \int_0^T e^{-rt} {}_t p_x dt \\
&= 1 - e^{-rT} {}_T p_x - r \bar{a}_{x:T}
\end{aligned}$$

となる．よって，GOMA モデルの下では

$$\begin{aligned}
\bar{A}^1_{x:\overline{T}|} =\ & 1 - \exp\left\{-(\lambda+r)T + b(\mu_x - \lambda)\left(1 - e^{\frac{T}{b}}\right)\right\} \\
& - r\left\{\frac{b\Gamma(-(\lambda+r)b, \exp(\frac{x-m}{b}))}{\exp\{(m-x)(\lambda+r) - \exp(\frac{x-m}{b})\}}\right. \\
& \left. - \frac{b\Gamma(-(\lambda+r)b, \exp(\frac{x+T-m}{b}))}{\exp\{(m-x)(\lambda+r) - \exp(\frac{x-m}{b})\}}\right\}
\end{aligned}$$

となる．

(5) 生存保険

生存保険とは，満期 T まで生存していた場合に限り，時刻 T において保険金が支払われる契約である．終身保険の場合と同様に考えて

$$a_0(t) = a_1(t) = a_{10}(t) = 0, \quad \alpha_1(T) = 1$$

となることがわかる．生存保険の保険金現価 Z は

$$Z = v(T)I_1(T,\omega)\alpha_1(T) = v(T)1_{\tau>T}$$

であり，その一時払い純保険料は

$$\bar{A}_{x:\overline{T}|}^{1} = E[e^{-rT}1_{\tau>T}] = e^{-rT}{}_Tp_x$$

となる．よって，死亡率が GOMA モデルに従うときは

$$\bar{A}_{x:\overline{T}|}^{1} = \exp\left\{-(r+\lambda)T + b(\mu_x - \lambda)\left(1 - e^{\frac{T}{b}}\right)\right\}$$

と書ける．

(6) 養老保険

養老保険とは，満期 T までに死亡した場合に死亡した時点で保険金が支払われ，満期 T まで生存していた場合に時刻 T において保険金が支払われる契約である．よって，契約者としたら死亡保険と生存保険を両方購入したのと同じ意味となる．したがって，その一時払い純保険料は，定期保険と生存保険の一時払い純保険料の和

$$\bar{A}_{x:\overline{T}|} = \bar{A}_{x:\overline{T}|}^1 + \bar{A}_{x:\overline{T}|}^{1} = 1 - r\bar{a}_{x:T}$$

となる．

5.2.2 保険料の計算

さて，ここまでは保険金の割引現在価値である保険金現価の計算を行ってきたが，同様に保険料の現価の計算もできる．保険料の現価 Y は式 (5.39) で与え

られていた.ここでも,現在 x 歳の契約者の将来の状態として生存状態と死亡状態の二つの状態しか考えないという簡単なモデルを考える.この設定の上でいくつかのケースについて考えよう.

(1) 生存している限り支払いが発生する場合

簡単化のために,時刻 $[t, t+\Delta t]$ における支払額 $\pi_1(t)\Delta t$ は常に一定値 $c\Delta t$ で与えられるものとする.すると保険料の現価は

$$Y = \pi + c\int_0^\tau v(t)dt$$

で与えられる.この期待値は

$$E[Y] = \pi + c\bar{a}_x$$

と計算できる.

(2) 生存している限り満期まで支払いが発生する場合

契約に満期がある場合は,保険料の支払額は $\pi_1(t) = c1_{t\leq T}$ によって決まる.よって,保険料の現価は

$$Y = \pi + c\int_0^\tau v(t)1_{t\leq T}dt$$

と計算される.期待値をとると

$$E[Y] = \pi + c\bar{a}_{x:\overline{T}|}$$

であることがわかる.

保険料 c の決め方について定めてみよう.なお,保険金現価と保険料現価の差 $L = Z - Y$ を保険者損失の現価と呼ぶ.保険料が純保険であるとは,保険者損失の期待値が 0 であること,すなわち

$$E[L] = E[Z] - E[Y] = 0$$

となるように決められた保険料のことを指す.また,この式を収支相等の原則

と呼ぶ．ここで注意であるが，収支相等の原則を用いて保険料を決めても保険会社は儲かることはない．それどころか，数学的には確実に破産することが知られている．そこで，純保険料はとりあえず参考のために求めた最低限必要な保険料であることは記憶しておくべきである．それに対して，前の章で学んださまざまな保険料算出原理を用いて，保険料を多めにとる必要がある．実際の価格は，純保険料より大きな額で，かつ競合他社との価格競争に負けない値段を上手に決める必要がある．純保険料の計算例を見てみよう．死亡した時点で保険金 1 が払われる終身保険を考えよう．死亡時刻まで単位時間あたり保険料を c だけ支払う必要があり，初期時点ではまとまった支払いがないのならば（すなわち $\pi = 0$ ならば），すでに見てきたように保険金現価と保険料の現価はそれぞれ

$$Z = v(\tau), \qquad Y = c\int_0^\tau v(t)dt$$

なので，純保険料 c は

$$E[L] = E[Z] - E[Y] = \bar{A}_x - c\bar{a}_x = 0$$

となるように決めることとなる．よって純保険料は

$$c = \frac{\bar{A}_x}{\bar{a}_x}$$

である．もちろん GOMA モデルを仮定すれば，純保険料は閉じた形で表現することができる．また，ほぼ同様の議論により，満期 T の定期保険の純保険料は

$$c = \frac{\bar{A}_{x:\overline{T|}}}{\bar{a}_{x:\overline{T|}}} \tag{5.41}$$

である．先に述べたように，純保険料を受け取るだけでは保険会社は経営が成り立たないので，追加的な収益を得る必要がある．そこで，前の章で述べた保険料算出原理を用いて純保険料よりもう少し保険料を多くとれるような計算法を考えたい．たとえば，ゼロ効用原理を用いて保険料を計算することを考える．前の章を参考にしながら考えると，保険会社の効用関数と初期資産がそれぞれ $u(\cdot)$ と W であれば

$$u(W) = E[u(W+Y-Z)] = E[u(W-L)]$$

となるように保険料 c を計算すればよいことがわかる．ここで，効用関数が $u(x) = -\frac{1}{\beta}e^{-\beta x}$ であれば，

$$-\frac{1}{\beta}e^{-\beta W} = E\left[-\frac{1}{\beta}e^{-\beta(W-L)}\right]$$

すなわち

$$E[e^{\beta L}] = 1 \tag{5.42}$$

となるように保険料を決めればよい．死亡時点までコンスタントに単位時間当たり c の保険料を支払う死亡保険の保険金現価と保険料現価は

$$Y = c\int_0^\tau e^{-rs}ds = \frac{c}{r}(1-e^{-r\tau}), \quad Z = e^{-r\tau}$$

なので，式 (5.42) より

$$E\left[\exp\left\{\beta\left(1+\frac{c}{r}\right)e^{-r\tau}\right\}\right] = e^{\frac{c\beta}{r}}$$

を満たす c を求めることとなる．ただし左辺の期待値の計算を行うには，一般には数値積分が必要となることに注意しよう．

5.2.3 責任準備金の計算

保険契約に対する，時刻 t 以降のキャッシュフロー全体の時刻 t における割引現在価値 $L(t)$ を計算したい．そのために，時刻 t 以降に受け取る保険金の割引現在価値を計算しよう．ここでも，もし，あたかも「契約者の状態を表現するマルコフ過程 $\{X_s\}$ の時刻 t 以降の経路があらかじめわかっている」とした場合における $Z(t)$ を計算しよう．すると，

$$\begin{aligned}
Z(t) &= \sum_{j\in\mathcal{S}}\int_t^\infty e^{-r(s-t)}I_j(s,X_s)a_j(s)ds + \sum_{j,k\in\mathcal{S},j\neq k}\int_t^\infty e^{-r(s-t)}a_{jk}(s)dN_{jk}(s,\omega) \\
&= \frac{1}{v(t)}\sum_{j\in\mathcal{S}}\int_t^\infty v(s)I_j(s,X_s)a_j(s)ds + \frac{1}{v(t)}\sum_{j,k\in\mathcal{S},j\neq k}\int_t^\infty v(s)a_{jk}(s)dN_{jk}(s,\omega)
\end{aligned}$$

で与えられる．また，保険料についても

$$Y(t) = \pi 1_{t=0}(t) + \frac{1}{v(t)} \sum_j \int_t^\infty v(s) I_j(s, X_s) \pi_j(s) ds$$

と計算される．なお第1項目は時刻0以外では0に等しい．形式的に将来の健康状態がわかるものとして計算を行ってきたが，実際には将来の状況はわからないので，計算したこれらの式は実際は確率的に変動する確率過程となっている．時刻 t での保険契約者の健康状態は，状態 i であるものとする．すなわち $X_t = i$ であるものとして，$L(t) = Z(t) - Y(t)$ について条件付き期待値をとった

$$E[L(t)|X_t = i] = E[Z(t) - Y(t)|X_t = i] \tag{5.43}$$

を責任準備金という．さて，マルコフ過程の時刻 t から s までの間に，状態が i から j に推移する確率を $p_{ij}(t, s)$ としよう．また，マルコフ過程の推移率を $\mu_i(t)$ および $\mu_{ij}(t)$ と書く．これらの具体的な定義は定義 2.4 を参照してほしい．このような設定の上で責任準備金の計算をする．まずは以下の補題を与える．

補題 5.3 連続な関数 $f(t)$ について[12]

$$E\left[\int_t^\infty I_j(s, X_s) f(s) ds \Big| X_t = i\right] = \int_t^\infty f(s) p_{ij}(t, s) ds \tag{5.44}$$

$$E\left[\int_t^\infty f(s) dN_{jk}(s) \Big| X_t = i\right] = \int_t^\infty f(s) p_{ij}(t, s) \mu_{jk}(s) ds \tag{5.45}$$

が成り立つ．

説明 式 (5.44) について考えてみよう．時間を区切って分点 $t_n = t + n\Delta t$ $(n = 0, 1, 2, \ldots)$ をとり，条件付き期待値の中の積分 $\int_t^\infty I_j(s, \omega) f(s) ds$ を

$$\int_t^\infty I_j(s, X_s) f(s) ds \approx \sum_{n=0}^\infty I_j(t_n, X_{t_n}) f(t_n) \Delta t$$

のように近似する．そこで，関係式 $E[I_j(t_n, X_{t_n})|X_t = i] = P[X_{t_n} = j | X_t = i]$ に注意しながら条件付き期待値を計算すると

---

[12] 正確には可積分であることを保証する条件が必要である．

$$E\left[\int_t^\infty I_j(s,X_s)f(s)ds|X_t=i\right] \approx \sum_{n=0}^\infty E[I_j(t_n,X_{t_n})|X_t=i]f(t_n)\Delta t$$

$$= \sum_{n=0}^\infty p_{ij}(t,t_n)f(t_n)\Delta t$$

となる．最後に極限 $\Delta t \to 0$ をとれば式 (5.44) が成り立つことがわかる．

次に，式 (5.45) について考えてみる．ここでも，式 (5.44) を示すのに用いた細分を使うと

$$\int_t^\infty f(s)dN_{jk}(s) \approx \sum_{n=0}^\infty f(t_n)(N_{jk}(t_{n+1})-N_{jk}(t_n)) \tag{5.46}$$

と近似できる．ここで，式 (5.46) に条件付き期待値をとると

$$E\left[\int_t^\infty f(s)dN_{jk}(s)|X_t=i\right] \approx \sum_{n=0}^\infty f(t_n)E[N_{jk}(t_{n+1})-N_{jk}(t_n)|X_t=i] \tag{5.47}$$

が成り立つ．右辺の $E[N_{jk}(t_{n+1})-N_{jk}(t_n)|X_t=i]$ は時刻 $[t_n,t_{n+1}]$ の間に状態 j から k へ移動した回数の期待値である．十分メッシュを細かくとると一つのメッシュの間に複数回状態が移動する確率は十分小さく 0 と見なしてもよくなる．ところで，時刻 $[t_n,t_{n+1}]$ の間に状態 j から k へ移動するためには，時刻 t で i にあった契約者の状態は時刻 t_n において j でないといけない．このような確率が $p_{ij}(t,t_n)$ である．そして t_n と $t_{n+1}=t_n+\Delta t$ の間に状態が k に移動しないといけない．このような確率 $p_{jk}(t_n,t_{n+1})$ は，2 章の定義 2.4 より

$$\mu_{jk}(t_n) \approx \frac{p_{jk}(t_n,t_{n+1})}{\Delta t}$$

が成り立つので $p_{jk}(t_n,t_{n+1}) \approx \mu_{jk}(t_n)\Delta t$ と近似できる．よって，式 (5.47) はさらに計算することができて

$$E\left[\int_t^\infty f(s)dN_{jk}(s)|X_t=i\right] \approx \sum_{n=0}^\infty f(t_n)p_{ij}(t,t_{n+1})\mu_{jk}(t_n)\Delta t$$

$$\approx \int_t^\infty f(s)p_{ij}(t,s)\mu_{jk}(s)ds$$

となり，式 (5.45) が示された． □

この結果をもとに，責任準備金の計算をもう少し続けよう．式 (5.43) より責任準備金を求めるには，二つの条件付き期待値 $E[Z(t)|X_t=i]$ と $E[Y(t)|X_t=i]$ が計算できればよいことがわかる．補題を使えば

$$E[Z(t)|X_t=i] = \frac{1}{v(t)}\sum_{j\in\mathcal{S}}\int_t^\infty v(s)a_j(s)p_{ij}(t,s)ds$$

$$+ \frac{1}{v(t)} \sum_{j,k \in \mathcal{S}, j \neq k} \int_t^\infty v(s) a_{jk}(s) p_{ij}(t,s) \mu_{jk}(s) ds \qquad (5.48)$$

と計算できることがわかる．また，$E[Y(t)|X_t = i]$ は

$$E[Y(t)|X(t) = i] = \pi 1_{t=0}(t) + \frac{1}{v(t)} \sum_{j \in \mathcal{S}} \int_t^\infty v(s) \pi_j(s) p_{ij}(t,s) ds \qquad (5.49)$$

となる．二つの積分 (5.48) と (5.49) が計算できたならば，責任準備金の計算ができたこととなる．さて，結局，時刻 $t > 0$ において契約者の健康状態が状態 i にあると仮定した場合の責任準備金 $V_i(t)$ は

$$V_i(t) = e^{rt} \sum_{j \in \mathcal{S}} \Biggl\{ \int_t^\infty e^{-rs}(a_j(s) - \pi_j(s)) p_{ij}(t,s) ds$$
$$+ \sum_{j,k \in \mathcal{S}, k \neq j} \int_t^\infty e^{-rs} a_{jk}(s) p_{ij}(t,s) \mu_{jk}(s) ds \Biggr\}$$

となる．時刻 t における責任準備金の時刻 0 での割引現在価値は $W_i(t) = e^{-rt} V_i(t)$ であり，

$$W_i(t) = \sum_{j \in \mathcal{S}} \Biggl\{ \int_t^\infty e^{-rs}(a_j(s) - \pi_j(s)) p_{ij}(t,s) ds$$
$$+ \sum_{j,k \in \mathcal{S}, k \neq j} \int_t^\infty e^{-rs} a_{jk}(s) p_{ij}(t,s) \mu_{jk}(s) ds \Biggr\} \qquad (5.50)$$

と表される．この両辺を t で微分してみよう．ここで，基本的な微分の式

$$\frac{d}{dt} \int_t^\infty f(t,s) ds = -f(t,t) + \int_t^\infty \frac{\partial}{\partial t} f(t,s) ds.$$

およびマルコフ過程の推移確率の満たす微分方程式

$$\frac{\partial}{\partial t} p_{ij}(t,s) = \mu_i(t) p_{ij}(t,s) - \sum_{k \neq i} \mu_{ik}(t) p_{kj}(t,s)$$

を用いて計算する．式 (5.50) の第 1 項

$$W_i^1(t) = \sum_{j \in \mathcal{S}} \int_t^\infty e^{-rs}(a_j(s) - \pi_j(s)) p_{ij}(t,s) ds$$

の微分は

164　第 5 章　生命保険の数学

$$\begin{aligned}
\frac{d}{dt}W_i^1(t) &= \sum_{j\in\mathcal{S}}\bigg\{-e^{-rt}(a_j(t)-\pi_j(t))p_{ij}(t,t) \\
&\quad + \int_t^\infty e^{-rs}(a_j(s)-\pi_j(s))\frac{\partial}{\partial t}p_{ij}(t,s)ds\bigg\} \\
&= -e^{-rt}(a_i(t)-\pi_i(t)) + \mu_i(t)\sum_{j\in\mathcal{S}}\int_t^\infty e^{-rs}(a_j(s)-\pi_j(s))p_{ij}(t,s)ds \\
&\quad - \sum_{k\in\mathcal{S},k\neq i}\mu_{ik}(t)\sum_{j\in\mathcal{S}}\int_t^\infty e^{-rs}(a_j(s)-\pi_j(s))p_{kj}(t,s)ds \\
&= -e^{-rt}(a_i(t)-\pi_i(t)) + \mu_i(t)W_i^1(t) - \sum_{k\in\mathcal{S},k\neq i}\mu_{ik}(t)W_k^1(t)
\end{aligned}$$

式 (5.50) の第 2 項についてもほぼ同様の計算をすることで，最終的に微分方程式

$$\begin{aligned}
\frac{d}{dt}W_i(t) &= -e^{-rt}\bigg\{a_i(t)-\pi_i(t) + \sum_{j\in\mathcal{S},j\neq i}\mu_{ij}(t)a_{ij}(t)\bigg\} \\
&\quad + \mu_i(t)W_i(t) - \sum_{j\in\mathcal{S},j\neq i}\mu_{ij}(t)W_j(t) \qquad (5.51)
\end{aligned}$$

を得る．この微分方程式を計算すれば，責任準備金 $V_i(t) = e^{rt}W_i(t)$ が計算できる．ただし，方程式の境界条件は $W_i(0+) = \pi_i$ および $W_i(T) = e^{-rT}\alpha_i(T)$ である．境界条件 $W_i(0+) = \pi_i$ がなぜ成り立つかについて考えてみよう．いま，収支相等の原理より

$$E[Z_i(0) - Y_i(0)] = 0$$

が成り立つが，時刻 0 において保険料 π_i を支払っているので $Y_i(0) = \pi_i + Y_i(0+)$ が成り立つ．よって

$$W_i(0+) = E[Z_i(0)-Y_i(0+)] = E[Z_i(0)-(Y_i(0)-\pi_i)] = E[Z_i(0)-Y_i(0)]+\pi_i = \pi_i$$

がいえる．ここで気を付けないといけないのは，式 (5.51) が 1 階の方程式にもかかわらず両端に境界条件が付いているので，境界条件が一つ過剰であることである．すなわち，保険金や保険料が適切に設定されていなければ，境界条件がつじつまが合うように W_i を見つけることができない可能性がある．そこで，この方程式と境界条件を満たすように保険料 π_i と $\pi_i(t)$ を求めないといけない．

これらの方程式のことをティーレの方程式という．推移確率が一般の関数で表される場合は，方程式を解くことは簡単ではない．そこで，2 章で説明したルンゲ・クッタ法などの数値計算アルゴリズムを用いて計算することとなる．

さて，契約者の状態が健康であるか死亡しているかの 2 状態のモデルについて考えてみよう．ここでも，契約者の健康状態はマルコフ過程 $X_t(\omega)$ で表現され，$X_t = 1$ ならば時刻 t において契約者は健康であり，$X_t = 0$ ならば時刻 t において契約者は死亡しているものとする．契約者が x 歳の時点での死亡リスクを表現するハザードレートを μ_x とする．生存している限り時刻 $[t, t + \Delta t]$ において保険金 $a(t)\Delta t$ が受け取れ，保険料 $\pi(t)\Delta t$ を支払う．また，時刻 t に死亡したら一括保険金 $b(t)$ を受け取ることができ，契約が打ち切られる．満期 T において生存していたら，一括の保険金 α を受け取れる保険があるものとする．時刻 0 において年齢 x 歳の人が保険契約を結ぶとしたときに，時刻 t における責任準備金を $V(t)$ とすると，その割引現在価値 $W(t) = e^{-rt}V(t)$ は方程式

$$\frac{d}{dt}W(t) = e^{-rt}\{\pi(t) - a(t) - \mu_{x+t}b(t)\} + \mu_{x+t}W(t)$$

を満たす．なお方程式の導出には，死亡時に保険金 $a_{1,0}(t) = b(t)$ が支払われて保険契約は終わるので，死亡状態の責任準備金は 0 なこと，つまり，$W_0(t) = 0$ が成り立つことを用いている．関係式 $W(t) = e^{-rt}V(t)$ を用いれば

$$\frac{d}{dt}V(t) = \pi(t) - a(t) - \mu_{x+t}b(t) + (r + \mu_{x+t})V(t)$$

を満たす．境界条件は $V(0+) = \pi$ かつ $V(T) = \alpha$ である．この式もティーレの微分方程式という．

定期保険における例を考えてみよう．定期保険は連続的な保険金支払いはないので $a(t) = 0$ である．また，満期における支払いもないので $V(T) = \alpha = 0$ である．契約時刻 $t = 0$ では保険料支払いはないものとして $\pi = 0$ とし，保険料 $\pi(t)$ および保険金支払額 $b(t)$ は一定値なものとする．すなわち $\pi(t) = c$ および $b(t) = b$ を満たすものとする．するとティーレの微分方程式は

$$\frac{d}{dt}V(t) = c - \mu_{x+t}b + (r + \mu_{x+t})V(t) \tag{5.52}$$

$$V(0) = 0, \qquad V(T) = 0$$

であることがわかる．ここで斉次形方程式

$$\frac{d}{dt}U(t) = (r + \mu_{x+t})U(t)$$

は解

$$U(t) = c_1 + c_2 e^{\int_0^t r + \mu_{x+s} ds}$$

をもつ．これを参考に $V(t)$ を

$$V(t) = C(t)e^{rt + \int_0^t \mu_{x+s} ds} \tag{5.53}$$

という関数形から探すことを試みる．式 (5.53) を時間 t で微分すると

$$\begin{aligned}\frac{d}{dt}V(t) &= C'(t)e^{rt+\int_0^t \mu_{x+s}ds} + (r+\mu_{x+t})C(t)e^{rt+\int_0^t \mu_{x+s}ds} \\ &= C'(t)e^{rt+\int_0^t \mu_{x+s}ds} + (r+\mu_{x+t})V(t)\end{aligned}$$

が成り立つ．ティーレの方程式 (5.52) と比較して

$$C'(t)e^{rt+\int_0^t \mu_{x+s}ds} = c - \mu_{x+t}b$$

が成り立つことがわかる．よって

$$C(t) = D + \int_0^t (c - \mu_{x+s}b)e^{-rs - \int_0^s \mu_{x+u}du}ds$$

が成り立つ．境界条件 $V(0) = 0$ より $D = 0$ がいえる．また ${}_tp_x = e^{-\int_0^t \mu_{x+u}du}$ が成り立つことに注意して

$$\begin{aligned}V(t) &= \int_0^t (c - \mu_{x+s}b)e^{r(t-s)+\int_s^t \mu_{x+u}du}ds \\ &= \int_0^t e^{-rs}(c - \mu_{x+s}b){}_sp_x ds \times e^{rt}\exp\left\{\int_0^t \mu_{x+u}du\right\}\end{aligned}$$

がいえた．ここで，もう一つの境界条件 $V(T) = 0$ が成り立つので

$$\int_0^T e^{-rt}(c - \mu_{x+t}b)\,_tp_x dt = 0$$

すなわち

$$c = \frac{b\int_0^T e^{-rt}\mu_{x+t} \times {}_tp_x dt}{\int_0^T e^{-rt}{}_tp_x dt}$$

であることがわかる．$b=1$ とすれば式 (5.41) と同じ結果となる．

5.2.4　変額商品

　変額保険とは，死亡時や満期における保険金支払額が，保険会社の資産運用成績により変動する可能性のある商品である．おおざっぱにいうと，投資信託の仕組みを組み込んだ保険商品と考えてよい．ここでは，死亡時点や満期時点における支払いは株式価格とリンクしているものとする．株式価格は確率微分方程式

$$dS_t = \mu S_t dt + \sigma S_t dB_t, \qquad S_0 = s$$

を満たすものとする．ここからは，無裁定条件などオプションの価格評価と同じ条件がすべて成り立っていることを仮定して議論を行うこととする．この節では最低支払い保証の付いた生存保険と定期保険について議論することにしよう．

　最低支払い保証付き生存保険とは，もし満期日 T において被保険者が生存していた場合には，保険者に保険金 $\Phi(S_T) = \max\{S_T, G_T\}$ が支払われる保険である．満期時刻 T において最低支払保証額 G_T の付いた生存保険は，満期において保険契約者が生存していたら保険会社の資産運用価格 S_T，すなわち満期時点における株価が契約者に支払われるが，もし満期における株価 S_T が最低保証額 G_T を下回っていた場合は，保険会社が保証額 G_T を契約者に支払うようになっている．一方で，もし契約者が満期日以前に死亡していた場合は保険会社は契約者に保険金を支払う必要はない．ここで，この商品が保険ではなく，単に満期に $\Phi(S_T) = \max\{S_T, G_T\}$ を支払う契約だった場合は，これはオプションの1種類となる．満期が T で，時刻 t において原証券価格が $S_t = s$ だった場合のこのオプションの価格を $C_T(s,t)$ と書くことにしよう．満期においてペイ・オフ $\Phi(S_T)$ を確実に準備するためには，3章で議論したとおり，初期時点でのオプション価格

$$C_T(s,0) = E^Q[e^{-rT}\Phi(S_T)|S_0 = s]$$

と同じだけの現金が必要となる．ここで，Q は 3 章で説明したリスク中立確率測度である．3 章で説明したとおり，オプション価格 $C_T(s,0)$ は次のようにも表現できる．関数 $C_T(s,t)$ を偏微分方程式

$$\frac{\partial C_T}{\partial t}(s,t) + rs\frac{\partial C_T}{\partial s}(s,t) + \frac{\sigma^2}{2}s^2\frac{\partial^2 C_T}{\partial s^2}(s,t) = rC_T(s,t),$$

$$C_T(s,T) = \Phi(s)$$

の解とすると初期時点でのオプション価格は $C_T(s,0)$ に等しくなる．この現金を原資に株と預金を組み合わせていけば，満期にオプションの支払額 $\Phi(S_T)$ を用意することができる．ところが，今回の問題では単なるオプションではなく保険商品を考えているので，契約者全体のうち保険金支払いができる人の割合は，満期で生存している確率 ${}_Tp_x$ に等しくなる．よって，保険会社の平均的な支払額を準備しようとすると

$${}_TG_x = {}_Tp_x C_T(s,0)$$

だけ必要となる．すなわちこれが一時払い保険料である．もちろん一時払い保険料を受け取るだけでは保険会社は倒産してしまうので，保険料は割り増しをする必要がある．また，時刻 $[t,t+dt]$ において契約者が保険料を $\pi(t)dt$ だけ支払う契約になっていたら，時刻 t において原資産価格が s に等しかった場合，すなわち $S_t = s$ だった場合の時刻 t における責任準備金 ${}_TV_x(s,t)$ は

$${}_TV_x(s,t) = {}_{T-t}p_{x+t}C_T(s,t) - \int_t^T e^{-r(u-t)}\pi(u)_{u-t}p_{x+t}du \tag{5.54}$$

となる．第 2 項は契約者が時刻 $[t,t+dt]$ に生存していれば保険料 $\pi(t)dt$ を支払うことになっていることにより現れる項である．それでは $C_T(s,t)$ を具体的に計算してみよう．リスク中立確率測度 Q において株価は確率微分方程式

$$dS_t = rS_t dt + \sigma S_t dB_t^*, \qquad S_0 = s$$

を満たしていた．ここで，B_t^* とは確率測度 Q 上でのブラウン運動である．よっ

て，時刻 t でのオプション価格

$$C_T(s,t) = E^Q[e^{-r(T-t)}\Phi(S_T)|S_t=s] = E^Q[e^{-r(T-t)}\max\{S_T,G_T\}|S_t=s] \tag{5.55}$$

は，3章でブラックショールズ・モデルの下でオプション価格を求めたときと全く同じ手順を経ることにより

$$C_T(s,t) = G_T e^{-r(T-t)} N(-d_2(T,t)) + sN(d_1(T,t))$$

と書ける．ただし d_1 および d_2 とは

$$d_1(u,t) = \frac{\log(\frac{s}{G_u}) + (r+\frac{\sigma^2}{2})(u-t)}{\sigma\sqrt{u-t}}, \qquad d_2(u,t) = d_1(u,t) - \sigma(u-t)$$

のことである．

また，時刻 t で契約者が死亡したら，保険会社が $\Phi(S_t) = \max\{S_t, G_t\}$ の保険金支払いをするような保険契約も考えられ，最低支払い保証付き定期保険と呼ぶ．保険に満期があるとすれば，このような商品は定期保険の拡張となっていることがわかる．時刻 $[t, t+dt]$ に死亡する人に対する保険金を支払うためには，保険会社はあらかじめ時刻 t を満期にしており，ペイ・オフが $\Phi(S_t) = \max\{S_t, G_t\}$ に等しいオプションを保有していないとならない．また，生存保険の場合と同様に，契約時点で x 歳の契約者を多くもつ保険商品であれば，契約者全体のうち時刻 $[t, t+dt]$ に死亡する人の割合は全体の ${}_tp_x\mu_{x+t}dt$ である．このことから定期保険の一時払い保険料は

$$G^1_{x:T} = \int_0^T C_t(s,0)\, {}_tp_x\mu_{x+t}dt$$

で与えられる．ただし $C_t(s,u)$ とは，式 (5.55) で定義された満期が t で，時刻 u において原証券価格が $S_u = s$ だった場合のこのオプションの価格のことである．また，責任準備金も生存保険と同様に考えて

$$V^1_{x:T}(s,t) = \int_t^T \left(C_u(s,t)\mu_{x+u} - e^{-r(u-t)}\pi(u)\right){}_{u-t}p_{x+t}du$$

で与えられる．

最後に，生存変額保険の責任準備金が満たす偏微分方程式を求めよう．生存保険の責任準備金は式 (5.54) で与えられるので，両辺を時刻 t により微分しよう．すると

$$\frac{\partial {}_T V_x}{\partial t}(s,t) = \frac{\partial}{\partial t}[{}_{T-t}p_{x+t}C_T(s,t)] + \pi(t) - \int_t^T \frac{\partial}{\partial t}[e^{-r(u-t)}\pi(u){}_{u-t}p_{x+t}]du \quad (5.56)$$

と計算できる．ところで

$$\frac{\partial}{\partial t}{}_{u-t}p_{x+t} = \frac{\partial}{\partial t}\exp\left\{-\int_0^{u-t}\mu_{x+t+s}ds\right\} = \frac{\partial}{\partial t}\exp\left\{-\int_{x+t}^{x+u}\mu_s ds\right\}$$

$$= \mu_{x+t}\exp\left\{-\int_{x+t}^{x+u}\mu_s ds\right\} = \mu_{x+t} \times {}_{u-t}p_{x+t}$$

がいえるので，式 (5.56) はさらに計算でき

$$\frac{\partial {}_T V_x}{\partial t}(s,t) = \left[\mu_{x+t} \times {}_{T-t}p_{x+t}C_T(s,t) + {}_{T-t}p_{x+t}\frac{\partial C_T}{\partial t}(s,t)\right] + \pi(t)$$
$$- \int_t^T (r+\mu_{x+t})[e^{-r(u-t)}\pi(u){}_{u-t}p_{x+t}]du. \quad (5.57)$$

ところでブラック・ショールズの偏微分方程式より

$$\frac{\partial C_T}{\partial t}(s,t) = -rs\frac{\partial C_T}{\partial s}(s,t) - \frac{\sigma^2}{2}s^2\frac{\partial^2 C_T}{\partial s^2}(s,t) + rC_T(s,t)$$

が成り立つが，責任準備金の式 (5.54) より

$$\frac{\partial {}_T V_x}{\partial s}(s,t) = {}_{T-t}p_{x+t}\frac{\partial C_T}{\partial s}(s,t), \qquad \frac{\partial^2 {}_T V_x}{\partial s^2}(s,t) = {}_{T-t}p_{x+t}\frac{\partial^2 C_T}{\partial s^2}(s,t)$$

が成り立つので

$${}_{T-t}p_{x+t}\frac{\partial C_T}{\partial t}(s,t) = -rs\frac{\partial {}_T V_x}{\partial s}(s,t) - \frac{\sigma^2}{2}s^2\frac{\partial^2 {}_T V_x}{\partial s^2}(s,t) + r{}_{T-t}p_{x+t}C_T(s,t)$$

がいえる．この式を式 (5.57) に代入して式 (5.54) を用いて計算すれば，最終的に方程式

$$\frac{\partial {}_T V_x}{\partial t}(s,t) = \pi(t) + (\mu_{x+t}+r){}_T V_x(s,t) - rs\frac{\partial {}_T V_x}{\partial s}(s,t) - \frac{\sigma^2}{2}s^2\frac{\partial^2 {}_T V_x}{\partial s^2}(s,t)$$

を得る.この方程式をティーレの偏微分方程式と呼ぶ.なお,有期変額保険の満たす偏微分方程式もほぼ同様に導出することができ

$$\frac{\partial V_{x:T}^1}{\partial t}(s,t)$$
$$=\pi(t) + (\mu_{x+t}+r)V_{x:T}^1(s,t) - \Phi(x)\mu_{x+t} - rs\frac{\partial V_{x:T}^1}{\partial s}(s,t) - \frac{\sigma^2}{2}s^2\frac{\partial^2 V_{x:T}^1}{\partial s^2}(s,t)$$

が成り立つ.なお,通常の保険の場合と同じく,このような手順で計算される純保険料にはリスクに見合った割り増しはされていない.リスクに応じた割り増しを行うには,たとえば,4章の最後で述べたような方法でリスクに応じて保険料を計算しないといけない.このような話題については Moore and Young (2003) などで議論されている.

6

破産理論

　本章では，損害保険数学の中心的話題の一つである破産理論について議論を行う．破産理論は古くは20世紀初頭より研究がなされていた分野であり，保険会社の破産確率などを計算するための数理モデルを中心とした研究分野である．数理ファイナンスがブラウン運動に対する確率微分方程式によりモデリングが行われて発展したのに対して，破産理論は複合ポアソン過程によるモデリングから数理モデルが確立していった．近年になり，破産理論と数理ファイナンスの距離は近づいた感があるものの，破産理論には数理ファイナンスと異なる考え方で研究されている点も多くあり興味深い．本書では，単純な破産確率の計算法を中心とした議論を行うつもりではあるが，論文を調べてみると破産確率の計算にとどまらず，数多くの研究がなされていることに気が付くと思う．

6.1 ポアソン過程

　保険会社が保険金を支払う時間のモデリングを行うことを考えよう．異なる保険金の請求が同じタイミングでは起こらないことを仮定する．現在の時刻を0として，i番目の保険金支払いが発生する時刻をτ_iとすると

$$0 < \tau_1 < \tau_2 < \cdots$$

が成り立つ．次に，将来の時刻tまでに起こった事故の件数$N(t)$は

$$N(t) = \#\{\tau_i \leq t\} \tag{6.1}$$

と書くことができる．ただし右辺は t より小さな値をとる τ_i の数を表す．すると $N(t)$ は，非負の整数を値にとる確率過程と見なすことができる．このようなモデルは事故や機械の故障時刻のモデルなどでよく見られる．T_1 を現在（時刻 0）以降に初めて保険会社が保険金を支払う時刻とする．また，$i \geq 2$ の場合には，確率変数 T_i は保険会社が $i-1$ 番目の保険金支払いを終えてから次の支払いを行うまでの時間を表すものとする．ここで T_i が指数分布に従うモデルを考える．指数分布を用いたモデルは，物が故障するまでの時間や事故が起こるまでの時間などのモデリングによく用いられる．確率変数の族 $\{T_i\}_i$ を，互いに独立で同じ指数分布 $Ex(\frac{1}{\lambda})$ に従う確率変数であるとする．i 番目の保険金支払い時刻 $\tau_i = T_1 + \cdots + T_i$ を用いれば，$\tau_i - \tau_{i-1} \sim Ex(\frac{1}{\lambda})$ が成り立つといってもよい．確率過程 $N(t)$ を $N(t) = \#\{\tau_i \leq t\}$ で定義したので，$N(t)$ は

$$N(t) = \max_n \{n; T_1 + \cdots + T_n \leq t\}$$

とも書ける．実は $\{N(t)\}_t$ はポアソン過程と呼ばれる確率過程となる．ポアソン過程は以下のように定義される．

定義 6.1 ポアソン過程 $N(t)$ は，以下の性質を満たす右連続かつ左極限をもつ確率過程である．

(1) N(0)=0

(2) $0 \leq s < t$ のとき $N(t) - N(s)$ はパラメータ $\lambda(t-s)$ のポアソン分布に従う．すなわち，非負の整数 k について

$$P[N(t) - N(s) = k] = \frac{e^{-\lambda(t-s)}\lambda^k (t-s)^k}{k!}$$

を満たす．

(3) $N(t)$ は独立増分をもつ．すなわち $0 \leq t_1 \leq t_2 \leq \cdots \leq t_n$ に対して確率変数

$$N(t_1), N(t_2) - N(t_1), \ldots, N(t_n) - N(t_{n-1})$$

は独立．

確率過程 (6.1) は実は以下の性質をもつ.

定理 6.1 (6.1) で定義された $N(t)$ はポアソン過程である.

証明 定理を佐藤 (1990) に基づき証明しよう. 定義 6.1 の条件 (1) は式 (6.1) からすぐわかることなので, (2) と (3) を示そう.

〈ステップ 1〉時刻 t を固定したときに $N(t)$ はポアソン分布に従うことを示す.

時刻 t を固定して $N(t)$ の分布がどのようなものか計算してみる. すると

$$P[N(t) = n] = P[N(t) \leq n] - P[N(t) \leq n+1] = P[\tau_n \geq t] - P[\tau_{n+1} \geq t]$$

となる. ここで, $T_i \sim Ex(\frac{1}{\lambda})$ を満たすので $\theta < \lambda$ において確率変数 T_i の積率母関数は

$$M_{T_i}(\theta) = \int_0^\infty e^{\theta t} \lambda e^{-\lambda t} dt = \frac{\lambda}{\lambda - \theta} = \left(1 - \frac{\theta}{\lambda}\right)^{-1}$$

となる. よって確率変数 τ_n の積率母関数 $M_{\tau_n}(\theta)$ は $T_1, \ldots, T_n$ の独立性より

$$M_{\tau_n}(\theta)(= E[e^{\theta \tau_n}]) = E[e^{\theta(T_1 + \cdots + T_n)}] = E[e^{\theta T_1}] \cdots E[e^{\theta T_n}] = \left(1 - \frac{\theta}{\lambda}\right)^{-n}$$

が成り立つ. 式 (1.15) より, これはガンマ分布 $Ga(n, \frac{1}{\lambda})$ の積率母関数に等しい. すなわち, 確率変数 τ_n は確率密度関数

$$f_n(x) = \frac{\lambda^n}{(n-1)!} x^{n-1} e^{-\lambda x}$$

をもつ確率変数であることがわかった. $n \geq 2$ の場合に部分積分を用いれば

$$\begin{aligned} P[\tau_n \leq t] &= \int_0^t \frac{\lambda^n}{(n-1)!} s^{n-1} e^{-\lambda s} ds \\ &= \frac{\lambda^n}{(n-1)!} \left\{ -\frac{t^{n-1}}{\lambda} e^{-\lambda t} + \frac{n-1}{\lambda} \int_0^t s^{n-2} e^{-\lambda s} ds \right\} \end{aligned}$$

となる. 同様に

$$P[\tau_{n+1} \leq t] = -\frac{(\lambda t)^n}{n!} e^{-\lambda t} + \int_0^t \frac{\lambda^n}{(n-1)!} s^{n-1} e^{-\lambda s} ds$$

も成り立つが, 右辺の 2 項目は $P[\tau_n \leq t]$ と等しい. よって,

$$P[N(t) = n] = P[\tau_n \leq t] - P[\tau_{n+1} \leq t] = \frac{(\lambda t)^n}{n!} e^{-\lambda t} \tag{6.2}$$

が成り立つことから $N(t)$ はポアソン分布に従う.

〈ステップ 2〉 $N(t) = n$ を条件として τ_{n+1} は指数分布に従うことを示す.

まず
$$P[N(t) = n, \tau_{n+1} > t + s] = P[\tau_n \leq t, \tau_n + T_{n+1} > t + s] \tag{6.3}$$

が成り立つ. 式 (6.3) の右辺の確率の意味を考えよう. n 回目の保険金請求時刻は時刻 t より前にもかかわらず, $n+1$ 回目の保険金請求時刻 $\tau_{n+1} = \tau_n + T_{n+1}$ は時刻 $t+s$ より後 (t よりも後) となる. すなわち, 時刻 t においてはすでに n 回目の保険金を支払っている. よって, 右辺の確率と左辺の確率が等しいことがわかる. ところで, n 回目の保険金支払い時刻 τ_n が $x(\leq t)$ に等しかったならば, 次のジャンプが起こるまでの時間 T_{n+1} が $t+s-x$ より長ければ右辺の条件を満たすこととなる. 時刻 $[x, x+\Delta x]$ に n 回目の保険金支払いがある確率は, Δx が十分小さいときには

$$P[x < \tau_n \leq x + \Delta x] = P[\tau_n \leq x + \Delta x] - P[\tau_n \leq x] = \int_x^{x+\Delta x} \frac{\lambda^n}{(n-1)!} s^{n-1} e^{-\lambda s} ds$$
$$\approx \frac{\lambda^n}{(n-1)!} x^{n-1} e^{-\lambda x} \Delta x$$

となることから

$$P[N(t) = n, \tau_{n+1} > t+s] = \int_0^t \frac{\lambda^n}{(n-1)!} x^{n-1} e^{-\lambda x} \int_{t+s-x}^\infty \lambda e^{-\lambda y} dy dx = e^{-\lambda(t+s)} \frac{(\lambda t)^n}{n!}$$

が示された. 一方で $N(t) = n$ となる確率は式 (6.2) で与えられていることから

$$P[\tau_{n+1} > t+s | N(t) = n] = \frac{P[\tau_{n+1} > t+s]}{P[N(t) = n]} = e^{-\lambda s} \tag{6.4}$$

が成り立つ.

〈ステップ 3〉 (1) m 次元確率変数 $(T_1, \ldots, T_m)$ の確率分布は, (2) $N(t) = n$ という条件の下における $(\tau_{n+1} - t, T_{n+2}, \ldots, T_{n+m})$ の確率分布と同じ分布に従うことを示す.

(2) の確率は

$$P[\tau_{n+1} - t > s_1, T_{n+2} > s_2, \ldots, T_{n+m} > s_m | N(t) = n]$$
$$= \frac{P[N(t) = n, \tau_{n+1} - t > s_1, T_{n+2} > s_2, \ldots, T_{n+m} > s_m]}{P[N(t) = n]}$$
$$= \frac{P[\tau_n \leq t, \tau_{n+1} - t > s_1, T_{n+2} > s_2, \ldots, T_{n+m} > s_m]}{P[N(t) = n]} \tag{6.5}$$

と計算される. 最後の等式を計算するのには, 以下の事実の注意が必要である.「真ん中の確率の条件が満たされたら最右辺の確率の条件を満たすことは明らかである. 一方, 最右辺

176   第6章 破産理論

の条件を仮定しよう．条件 $\tau_{n+1} - t > s_1$ は $\tau_{n+1} > t + s_1$ と同値であることから，$n+1$ 回目の保険金支払い時刻は時刻 t より後になる．一方で条件 $\tau_n \leq t$ から時刻 t において，n 回目の保険金払いをすでにしていることになるので，真ん中の式の条件は満たされる．よって $\tau_{n+1} - t > s_1$ かつ $N(t) = n$ という条件は，$\tau_n \leq t$ かつ $\tau_{n+1} - t > s_1$ であることと等しい．n 回目および $n+1$ 回目の保険金請求時刻 τ_n と τ_{n+1} がわかったところで，それ以降に次の保険金請求までにかかる時間がわかる訳ではない（すなわち τ_n や τ_{n+1} と $T_{n+2}, \ldots, T_{n+m}$ は独立）なので式 (6.5) はさらに計算ができ

$$P[\tau_{n+1} - t > s_1, T_{n+2} > s_2, \ldots, T_{n+m} > s_m | N(t) = n]$$
$$= \frac{P[\tau_n \leq t, \tau_{n+1} - t > s_1]P[T_{n+2} > s_2, \ldots, T_{n+m} > s_m]}{P[N(t) = n]}$$

であることがわかる．条件 $\tau_n \leq t$ および $\tau_{n+1} - t > s_1$ から $N(t) = n$ なことがわかるので，右辺の一つ目の確率は $\tau_{n+1} - t > s_1$ および $N(t) = n$ の確率と等しい．よって

$$P[\tau_n \leq t, \tau_{n+1} - t > s_1]$$
$$= P[N(t) = n, \tau_{n+1} - t > s_1] = P[\tau_{n+1} - t > s_1 | N(t) = n]P[N(t) = n]$$

が成り立つ．このことから

$$P[\tau_{n+1} - t > s_1, T_{n+2} > s_2, \ldots, T_{n+m} > s_m | N(t) = n]$$
$$= P[\tau_{n+1} - t > s_1 | N(t) = n]P[T_{n+2} > s_2, \ldots, T_{n+m} > s_m]$$
$$= P[T_1 > s_1]P[T_2 > s_2, \ldots, T_m > s_m] = P[T_1 > s_1, T_{n+2} > s_2, \ldots, T_{n+m} > s_m]$$

であることがわかる．ここで二つ目の等号の計算には，式 (6.4) からすぐわかる関係式

$$P[\tau_{n+1} > t + s | N(t) = n] = e^{-\lambda s} = P[T_1 > s]$$

を用いている．よって目標だった (1) と (2) の確率分布が等しいこと，すなわち $(T_1, \ldots, T_m)$ の確率分布は，$N(t) = n$ という条件の下における $(\tau_{n+1} - t, T_{n+2}, \ldots, T_{n+m})$ の分布と等しいことが示された．

〈ステップ 4〉確率過程 $N(t)$ はポアソン過程であることを示す．
　さて，

$$P[N(t_0) = n_0, N(t_1) - N(t_0) = n_1, \ldots, N(t_k) - N(t_{k-1}) = n_k]$$
$$= P[N(t_0) = n_0, N(t_1) = n_0 + n_1, \ldots, N(t_k) = n_0 + \cdots + n_k]$$
$$= P[N(t_0) = n_0]P[N(t_1) = n_0 + n_1, \ldots, N(t_k) = n_0 + \cdots + n_k | N(t_0) = n_0]$$

が成り立つが，すでに証明したように $(T_1, \ldots, T_{n_1+\cdots+n_k})$ の分布と $N(t_0) = n_0$ という条件の下での $(\tau_{n_0+1} - t_0, T_{n_0+2}, \cdots, T_{n_0+\cdots+n_k})$ の分布は等しい．つまり，時刻 0 以降の保険金請求のタイミングの分布と t_0 以降の保険金請求のタイミングの分布は同じものなので

$$P[N(t_1) = n_0 + n_1, \ldots, N(t_k) = n_0 + \cdots + n_k | N(t_0) = n_0]$$
$$= P[N(t_1 - t_0) = n_1, \ldots, N(t_k - t_0) = n_1 + \cdots + n_k]$$

がいえる．よって

$$P[N(t_0) = n_0, N(t_1) - N(t_0) = n_1, \ldots, N(t_k) - N(t_{k-1}) = n_k]$$
$$= P[N(t_0) = n_0] P[N(t_1 - t_0) = n_1, \ldots, N(t_k - t_0) = n_1 + \cdots + n_k] \quad (6.6)$$

である．これを繰り返して

$$P[N(t_0) = n_0, N(t_1) - N(t_0) = n_1, \ldots, N(t_k) - N(t_{k-1}) = n_k]$$
$$= P[N(t_0) = n_0] P[N(t_1 - t_0) = n_1] \ldots P[N(t_k - t_{k-1}) = n_k] \quad (6.7)$$

を得る．最後に式 (6.6) より

$$P[N(t) = n, N(t+s) - N(t) = m] = P[N(t) = n] P[N(s) = m] \quad (6.8)$$

が成り立つが，式 (6.8) の両辺をすべての $n = 0, 1, \ldots$ で足し合わせると

$$P[N(t+s) - N(t) = m] = \sum_{n=0}^{\infty} P[N(t) = n, N(t+s) - N(t) = m]$$
$$= \sum_{n=0}^{\infty} P[N(t) = n] P[N(s) = m] = P[N(s) = m] \quad (6.9)$$

がいえる．これより式 (6.7) は

$$P[N(t_0) = n_0, N(t_1) - N(t_0) = n_1, \ldots, N(t_k) - N(t_{k-1}) = n_k]$$
$$= P[N(t_0) = n_0] P[N(t_1) - N(t_0) = n_1] \ldots P[N(t_k) - N(t_{k-1}) = n_k]$$

と書けることがわかる．よって独立増分性がわかった．これによりポアソン過程の条件 (3) が示された．また，式 (6.9) より

$$P[N(t) - N(s) = k] = P[N(t-s) = k] = \frac{e^{-\lambda(t-s)} \lambda^k (t-s)^k}{k!}$$

もわかる．したがってポアソン過程の条件 (2) も示された． □

ここで，時刻 $0 < \tau_1 < \tau_2 < \cdots$ における保険金支払額を $X_1, X_2, \cdots$ とおくことにしよう．ここで，$X_1, X_2, \cdots$ は独立同一分布に従う確率変数の列であるものとする．また，$N(t)$ とも独立であるものとする．すると，時刻 t までに保険会社が支払った保険金総額

$$S(t) = \sum_{i=1}^{N(t)} X_i \tag{6.10}$$

は，$N(t)$ がポアソン分布に従うことから，複合ポアソン分布に従うことがわかる．保険金支払額を離散的に定義していれば，1章で議論したように，パンニャ公式を用いて $S(t)$ の分布の計算ができる．もし，離散モデルに従っていなくても，適当な離散近似を行うことにより近似的な分布を計算することができる．1章では複合ポアソン分布の積率母関数を求めたが，同様の方法で $S(t)$ の特性関数を計算してみよう．確率変数 X_1 は確率密度関数をもち，密度関数を $f(x)$ と書くことにする（もちろん $f(x)$ は $X_2, X_3, \ldots$ の密度関数でもある）．いま，$S(t) = \sum_{i=1}^{N(t)} X_i$ の $N(t)$ は $0, 1, 2, \ldots$ のいずれかの値をとることから

$$\begin{aligned}
E[e^{i\theta S(t)}] &= \sum_{n=0}^{\infty} E[\exp\{i\theta(X_1 + \cdots + X_n)\}|N(t)=n]P[N(t)=n] \\
&= \sum_{n=0}^{\infty} \left(\int_{-\infty}^{\infty} e^{i\theta x} f(x)dx\right)^n \frac{(\lambda t)^n}{n!} e^{-\lambda t} \\
&= \exp\left(\lambda t \int_{-\infty}^{\infty} (e^{i\theta x} - 1)f(x)dx\right)
\end{aligned}$$

と書ける．近年，数理ファイナンスにおいてレヴィ過程と呼ばれるモデルが用いられることがある．（右連続で左極限をもつ）条件 $Z_0 = 0$ を満たす確率過程 Z_t が

(1) 増大する時間の列 $0 \le t_0 < t_1 < t_2 < \cdots$ に対して

$$Z_{t_0}, Z_{t_1} - Z_{t_0}, Z_{t_2} - Z_{t_1}, \ldots$$

は独立．

(2) 正数 h について

$$Z_{t+h} - Z_t$$

の分布は時刻 t に依存しせずに同じ分布に従う．

(3) 任意の $\epsilon > 0$ について

$$\lim_{h \to 0} P[|Z_{t+h} - Z_t| \geq \epsilon] = 0$$

が成り立つ（確率連続性）．

の3つの条件を満たすときに，Z_t はレヴィ過程であると呼ばれる．三つ目の条件は，「ある特定の時点」を固定したときにその時点で ϵ より大きなジャンプをする確率は0であるといっているのであって，ジャンプしないといっている訳ではない．複合ポアソン過程は三つの条件をすべて満たすので，レヴィ過程の重要な例となっている．$\{Z_t\}_t$ がレヴィ過程のとき，その特性関数は $\int_{-\infty}^{\infty} \min\{1, x^2\} \Pi(dx)$ を満たす測度 $\Pi(x)$ を用いて定義された関数

$$\Psi(\theta) = ia\theta + \frac{\sigma^2 \theta^2}{2} + \int_{-\infty}^{\infty} (e^{i\theta x} - 1 - i\theta x 1_{|x|<1}) \Pi(dx)$$

によって

$$E[e^{i\theta Z_t}] = e^{t \Psi(\theta)}$$

と書けることが知られている．関数 $\Psi(\theta)$ を特性指数と呼ぶ．三つ組 $(a, \sigma, \Pi(dx))$ を選べばさまざまな確率過程を表現することができる．たとえば，複合ポアソン分布のジャンプサイズが確率密度関数 $f(x)$ をもつ確率変数で書き表されているものとしよう．もし変数 σ を $\sigma = 0$ と，変数 a を

$$a = \lambda \int_{-1}^{1} x f(x) dx$$

とし，$\Pi(dx) = \lambda f(x) dx$ と選べば，複合ポアソン過程の特性関数に等しくなる．このことからも，複合ポアソン過程はレヴィ過程に含まれていることがわかる．特に，複合ポアソン過程の特性指数は

$$\lambda \int_{-\infty}^{\infty} (e^{i\theta x} - 1) f(x) dx$$

で定義される．

6.2 破産確率の計算

保険会社の破産確率を求める問題は，20世紀前半にクラメールやリンドベリなどによって創始された．そこでは以下のような問題を考えている．以下の議論は基本的には Dickson (2005) によっている．

6.2.1 リンドベリの不等式

保険会社の初期時点での資産額を u だけ所持している．この保険会社は単位時間当たり保険料収入が c であるとすれば，時刻 t までの累積的な保険料収入は ct となる．その一方で，保険加入者が事故などにより保険金の支払いを請求してくる．その請求時刻を $0 < \tau_1 < \tau_2 < \cdots$ であるものとしよう．$T_1 = \tau_1$ および $T_i = \tau_i - \tau_{i-1}, (i = 2, 3, \ldots)$ の分布は指数分布 $Ex(1/\lambda)$ に従うものとする．すなわち

$$N(t) = \#\{\tau_i \leq t\}$$

はポアソン過程となる．また，時刻 τ_i における保険金支払額を X_i と書くことにする．ここで $X_1, X_2, \ldots$ は同じ分布に従い確率密度関数 $f(x)$ をもつ．さらに $N(t)$ および $X_1, X_2, \ldots$ は互いに独立なものとしよう．すると，保険会社が時刻 t までに支払う保険金総額は式 (6.10) で与えられたとおり

$$S(t) = \sum_{i=1}^{N(t)} X_i \tag{6.11}$$

で与えられる．これらの事柄を総合すると，時刻 t における保険会社の資産額 $U(t)$ は

$$U(t) = u + ct - S(t) \tag{6.12}$$

で与えられる．初期時点で資産額 u をもつ保険会社の持ち金がなくなる，すなわち，資産額が負になる確率（破産確率）

$$\psi(u) = P[\inf_{t>0} U(t) < 0 | U(0) = u]$$

を計算したいというのがここでの目標となる．保険金支払額を表現する確率変数列 $X_1, X_2, \ldots$ は同一分布に従うのですべて期待値は等しく

$$m = E[X_i]$$

とおこう．単位時間当たりの保険金支払い回数は λ に等しく，1 回につき m 程度の支払いが行われるので，単位時間当たりの平均的な保険金支払額は λm である．また，仮定より，保険会社が受け取る単位時間当たりの保険料は c に等しい．保険料算出原理によると保険料は保険金支払額の期待値より大きくとるのが通例となっているので $c > \lambda m$ となるように c を選ばないといけない．すでに 2 章で確認したように，離散モデルでは保険料収入が保険金支払額の期待値より小さい場合は確率 1 で保険会社は破産してしまう．実は，この性質は連続モデルでも示すことができる事実である．よって，破産理論を考える場合には $c > \lambda m$ を仮定して考えることにする．このことから，適切な $\theta > 0$ をとってくると

$$c = (1 + \theta)\lambda m$$

となる θ が存在するはずである．この θ のことを安全割増率と呼ぶ．また，保険金支払額を表現する確率変数の積率母関数を $M_X(s)$ とおくことにする．いまある $0 < \gamma \leq \infty$ が存在し，$0 < s < \gamma$ において $M_X(s)$ は有限な値をとり，かつ条件

$$\lim_{s \uparrow \gamma} M_X(s) = \infty$$

を満たすものとしよう．このとき r に関する方程式

$$\lambda M_X(r) - \lambda - cr = 0 \tag{6.13}$$

の正の解を調整係数と呼び，ここでは R と書くことにする．

例 6.1 保険の支払額 X として指数分布 $Ex(\frac{1}{\alpha})$ とした例を考える．γ は $\gamma = \alpha$ となり

$$\lim_{s \uparrow \gamma} M_X(s) = \lim_{s \uparrow \alpha} \frac{\alpha}{\alpha - s} = \infty$$

より条件を満たす．また方程式 (6.13) は

$$\frac{\lambda \alpha}{\alpha - r} - \lambda - cr = 0$$

となるので，調整係数 R は

$$R^2 - \left(\alpha - \frac{\lambda}{c}\right)R = 0$$

を満たす．このことから調整係数 R は

$$R = \alpha - \frac{\lambda}{c}$$

と求まる． □

マルコフ連鎖の説明において，離散モデルにおけるリンドベリの不等式の証明を行った．すなわち，式 (6.13) のように離散モデルにおける破産確率を上から評価する不等式を導出した．ここでは，連続モデルでも同様の不等式が成り立つことを示したい．すなわち，調整係数 R を用いて破産確率は

$$\psi(u) \leq e^{-Ru} \tag{6.14}$$

という不等式が成り立つことを示す．いま，保険会社が破産するタイミングは必ず保険金請求があったタイミングであることに注意し，n 回以下の保険金請求のタイミングで破産が発生する確率を $\psi_n(u)$ と書くことにしよう．式 (6.14) が成り立つことを示すには，任意の n について

$$\psi_n(u) \leq e^{-Ru} \tag{6.15}$$

が成り立つことがいえればよいが，これを数学的帰納法で示したい．さて，時刻 $[t, t+dt]$ において初めての保険金請求がきて，そのまま保険会社が倒産する確率を求めよう．ここで，時刻 t が初めての保険金請求のタイミングということは，時刻 t 以前には保険金の支払いをしておらず，すべて保険会社の資産になっていることに注意する．時刻 t に保険金請求がきたとする．時刻 t における保険会社の資産は，初期資産 u に加えて時刻 t までの保険料収入 ct を合わせたものとなる．結局，時刻 t に保険金請求があった場合に，その請求により保険会社が倒産するには，保険会社の資産総額 $u + ct$ を越える保険金支払いが求

められた場合に限ることがわかった．一方で，時刻 $[t, t+dt]$ において初めての保険金請求がくる確率は $\lambda e^{-\lambda t} dt$ に等しく，保険金支払いがくる時刻と支払額は独立なので

$$P[X_1 \geq u + ct | \tau_1 = t] = P[X_1 \geq u + ct] = \int_{u+ct}^{\infty} f(x) dx$$

が成り立つことを考え合わせて

$$\psi_1(u) = \int_0^{\infty} \lambda e^{-\lambda t} P[X_1 \geq u + ct | \tau_1 = t] dt = \int_0^{\infty} \lambda e^{-\lambda t} \int_{u+ct}^{\infty} f(x) dx dt \tag{6.16}$$

がいえる．ところで，x が区間 $[u+ct, \infty)$ の要素であるならば $u + ct - x \leq 0$ が成り立つので $e^{-R(u+ct-x)} \geq 1$ がいえる．これを式 (6.16) に無理やり代入すると

$$\begin{aligned}\psi_1(u) &\leq \int_0^{\infty} \lambda e^{-\lambda t} \int_{u+ct}^{\infty} f(x) dx dt \\ &\leq \int_0^{\infty} \lambda e^{-\lambda t} \int_0^{\infty} e^{-R(u+ct-x)} f(x) dx dt \\ &= e^{-Ru} \int_0^{\infty} \lambda e^{-(\lambda+cR)t} \int_0^{\infty} e^{Rx} f(x) dx dt\end{aligned}$$

がいえた．ところで積率母関数の定義から，内側の積分は $M_X(R)$ と等しいことがわかる．積率母関数 $M_X(R)$ は，調整係数の定義より $\lambda M_X(R) = \lambda + cR$ という関係が成り立っていたことに注意すれば

$$\psi_1(u) \leq e^{-Ru} \int_0^{\infty} (\lambda + cR) e^{-(\lambda+cR)t} dt = e^{-Ru}$$

がいえた．よって，式 (6.15) における $n = 1$ の場合が示すことができた．次に，$n = k$ の場合について不等式 (6.15) が成り立つものと仮定する．すなわち $\psi_k(u) \leq e^{-Ru}$ が成り立つものとしよう．このとき $n = k + 1$ でも不等式 (6.15) が成り立つことを確認しよう．$\psi_{k+1}(u)$ とは，$k + 1$ 回以下の保険金支払いで保険会社が倒産する確率を表す．$k + 1$ 回以下の保険金支払いで保険会社が倒産するということは，(1) 1 回目の保険金支払いで会社が倒産する，または，(2) 1 度目の保険金支払いでは倒産しないが，その後の k 回いずれかの保険金請求によ

り倒産する．これらのどちらかが起こらないといけない．初めの 1 回で倒産する確率は式 (6.16) ですでに計算をしている．次に，(2) のケースについて考えてみよう．時刻 $[t, t+dt]$ で初めての保険金請求がくる確率は $\lambda e^{-\lambda t} dt$ であった．もし時刻 t において，支払い額 x を請求されたとき 1 回で倒産しなかったということは，$0 \leq x \leq u + ct$ が成り立たないといけない．そして，保険金支払いを終えた後の残金は $u + ct - x$ となる．初期資産が $u + ct - x$ に等しく保険会社が k 回の保険金支払いでは倒産を起こさない確率は $\psi_k(u + ct - x)$ に等しい．よって (2) のような確率は

$$\int_0^\infty \lambda e^{-\lambda t} P[0 \leq X_1 \leq u+ct, \text{かつ 残り } k \text{ 回以内の保険金の支払いで倒産}] dt$$

となるが，保険金支払額の密度関数は $f(x)$ で与えられたので

$$P[0 \leq X_1 \leq u+ct, \text{かつ 残り } k \text{ 回以内の保険金の支払いで倒産}]$$
$$= \int_0^{u+ct} P[\text{残り } k \text{ 回以内の保険金の支払いで倒産} | X_1 = x] f(x) dx$$
$$= \int_0^{u+ct} f(x) \psi_k(u+ct-x) dx$$

がいえた．これらのことから

$$\psi_{k+1}(u) = \int_0^\infty \lambda e^{-\lambda t} \int_{u+ct}^\infty f(x) dx dt + \int_0^\infty \lambda e^{-\lambda t} \int_0^{u+ct} f(x) \psi_k(u+ct-x) dx dt$$

が成り立つ．第 1 項の内側の積分については $u + ct < x$ が成り立つので $1 < e^{-R(u+ct-x)}$ がいえる．この不等式を内側の積分に用いると，右辺を上から押さえる不等式評価ができる．また，第 2 項の積分については帰納法の仮定より $\psi_k(u+ct-x) \leq e^{-R(u+ct-x)}$ が成り立つ．この二つの不等式を組み合わせると，

$$\psi_{k+1}(u) \leq \int_0^\infty \lambda e^{-\lambda t} \int_{u+ct}^\infty e^{-R(u+ct-x)} f(x) dx dt$$
$$+ \int_0^\infty \lambda e^{-\lambda t} \int_0^{u+ct} e^{-R(u+ct-x)} f(x) dx dt$$
$$= e^{-Ru} \int_0^\infty \lambda e^{-(\lambda+cR)t} \int_0^\infty e^{Rx} f(x) dx dt$$

$$= e^{-Ru} \int_0^\infty e^{-(\lambda+cR)t} \lambda M_X(R) dt$$

となる．$M_X(R)$ は保険金支払額 X の分布に関する積率母関数である．ここで調整係数の定義から求まる等式 $\lambda M_X(R) = \lambda + cR$ を思い出すと

$$\psi_{k+1}(u) \leq e^{-Ru} \int_0^\infty (\lambda+cR) e^{-(\lambda+cR)t} dt = e^{-Ru}$$

が成り立つ．よって，任意の n について $\psi_n(u) \leq e^{-Ru}$ がいえた．したがって式 (6.14) すなわち $\psi(u) \leq e^{-Ru}$ が示された．

6.2.2 破産確率の計算方法

破産確率をもう少し詳しく計算する方法を考えよう．以下の計算法は基本的に Dickson(2005) による．保険会社の初期資産は u に等しいものとし，資産価格は式 (6.12) に従って変動するものとする．このようなモデルで保険会社の破産確率を求めたい．そのような状況ですべての t において保険会社の価値が負にならない，すなわち保険会社が破産しない確率を

$$\phi(u) = P[U(t) \geq 0, for\ any\ t \geq 0]$$

とおこう．もちろん破産確率 $\psi(u)$ とは関係式 $\psi(u) + \phi(u) = 1$ が成り立つ．いまこの保険会社の初めての保険金請求が，時刻 $[t, t+dt]$ にあったものとしよう．初めての保険金請求がこの時点でくる確率は $\lambda e^{-\lambda t} dt$ である．時刻 t において保険会社の資産額は $u+ct$ であり，この保険金請求で保険会社が倒産しないためには，保険金請求額 x が $u+ct$ 以下であればよい．保険金が x 請求されたら残る資産額は $u+ct-x$ となる．この時点から再度保険会社が倒産しない確率を考えると $\phi(u+ct-x)$ となる．保険金請求額は，確率密度関数が $f(x)$ であったことを考え合わせると，保険会社が破産しない確率 $\phi(u)$ は積分方程式

$$\phi(u) = \int_0^\infty \lambda e^{-\lambda t} \int_0^{u+ct} f(x) \phi(u+ct-x) dx dt$$

を満たすことがわかる．$s = u + ct$ と変数変換を行うと

$$\phi(u) = \frac{1}{c}\int_u^\infty \lambda e^{-\frac{\lambda(s-u)}{c}} \int_0^s f(x)\phi(s-x)dxds$$
$$= \frac{\lambda e^{\lambda u/c}}{c}\int_u^\infty e^{-\frac{\lambda s}{c}} \int_0^s f(x)\phi(s-x)dxds$$

となる．これを u で微分すると

$$\frac{d}{du}\phi(u) = \frac{\lambda}{c}\phi(u) - \frac{\lambda}{c}\int_0^u f(x)\phi(u-x)dx \tag{6.17}$$

となる．両辺に e^{-su} をかけて $[0,\infty)$ で積分をしてみよう．すなわち

$$\int_0^\infty e^{-su}\frac{d}{du}\phi(u)du = \int_0^\infty e^{-su}\frac{\lambda}{c}\phi(u)du - \int_0^\infty e^{-su}\frac{\lambda}{c}\int_0^u f(x)\phi(u-x)dxdu \tag{6.18}$$

を計算する．ここで，正の値 $[0,\infty)$ で定義された関数 $f(x)$ に対して [1]

$$f^*(s) = \int_0^\infty e^{-sx}f(x)dx$$

を f のラプラス変換と呼び，微分方程式を解くときや古典制御理論を考える際などによく用いられる．ラプラス変換の最も大事な性質は，関数 f とラプラス変換 f^* が 1 対 1 に対応しているのでラプラス変換 f^* が求まると f が決まることである．ただし，f^* から f を求める際には数値的にしか求まらないことも多いことには注意が必要である．部分積分を用いて式 (6.18) の左辺を計算すると

$$[e^{-su}\phi(u)]_0^\infty + s\int_0^\infty e^{-su}\phi(u)du = s\phi^*(s) - \phi(0)$$

となる．また，右辺 2 項目の積分はフビニの定理を用いて順序の交換をした上で，$t = u - x$ と変数変換を行い計算すれば

$$\int_0^\infty e^{-su}\frac{\lambda}{c}\int_0^u f(x)\phi(u-x)dxdu = \frac{\lambda}{c}\int_0^\infty e^{-sx}f(x)\int_x^\infty e^{-s(u-x)}\phi(u-x)dudx$$
$$= \frac{\lambda}{c}\int_0^\infty e^{-sx}f(x)dx \times \int_0^\infty e^{-st}\phi(t)du$$
$$= \frac{\lambda}{c}f^*(s)\phi^*(s)$$

---

[1] 積分の可積分性のための条件などはもちろん必要になる．

となるので，式 (6.18) は

$$s\phi^*(s) - \phi(0) = \frac{\lambda}{c}\phi^*(s) - \frac{\lambda}{c}f^*(s)\phi^*(s)$$

と求まった．よって

$$\phi^*(s) = \frac{c\phi(0)}{cs - \lambda(1 - f^*(s))} \quad (6.19)$$

がいえる．この式は，後でまた使うことにする．さて，初期資産 u の保険会社が破産しない確率 $\phi(u)$ は別の見方ができることに注意しよう．新しい確率過程 $L(t)$ を

$$L(t) = S(t) - ct (= u - U(t))$$

と定義する．ただし $S(t)$ や $U(t)$ は式 (6.11) および式 (6.12) で与えられている．また，確率変数 L を確率過程 $L(t)$ の最大値を L と定義すると，つまり

$$L = \max_{t \geq 0} L(t)$$

とおくと

$$\phi(u) = P[U(t) \geq 0, for\ any\ t \geq 0] = P[L(t) \leq u, for\ any\ t \geq 0] = P[L \leq u]$$

となる．このことから確率変数 L の確率分布関数は $\phi(u)$ で与えられることがわかる．また，L の確率密度関数は $\frac{d\phi}{dx}(x)$ で与えられる．ここで，$L = \max_{t \geq 0} L(t) \geq L(0) = u - U(0) = 0$ より，L は非負の値しかとらないことに注意しつつ積率母関数 $M_L(-s)$ を考えると

$$M_L(-s) = \phi(0) + \int_0^\infty e^{-sx}\frac{d\phi}{dx}dx$$

となる．ここで，第 1 項の $\phi(0)$ は $L(t)$ の最大値が 0 になる場合が起こり得る（すなわち保険会社の資産価値が初期価格 u を下回らない可能性がある）ことを考えて $(M_L(0) =)\phi(0)e^{-s\cdot 0} = \phi(0)$ が足してある．部分積分を使ってさらに計算すると

$$\begin{aligned}M_L(-s) &= \phi(0) + [e^{-sx}\phi(x)]_0^\infty + s\int_0^\infty e^{-sx}\phi(x)dx \\ &= s\int_0^\infty e^{-sx}\phi(x)dx = s\phi^*(s)\end{aligned}$$

となる．ここで式 (6.19) を思い出すと，結局

$$M_L(-s) = \frac{cs\phi(0)}{cs - \lambda(1 - f^*(s))} \qquad (6.20)$$

がいえた．ここで，両辺に極限 $s \to 0$ をとる．すると，左辺は $M_L(0) = E[e^{0 \cdot L}] = 1$ に収束する．一方，右辺はロピタルの定理より

$$1 = \lim_{s \to 0} \frac{cs\phi(0)}{cs - \lambda(1 - f^*(s))} = \lim_{s \to 0} \frac{c\phi(0)}{c + \lambda \frac{d}{ds} f^*(s)} \qquad (6.21)$$

がいえる．一方で，$f(x)$ は確率変数 X_n の確率密度関数であることに注意して

$$\lim_{s \to 0} \frac{d}{ds} f^*(s) = \lim_{s \to 0} \frac{d}{ds} \int_0^\infty e^{-sx} f(x) dx = -\int_0^\infty x f(x) dx = -E[X_1](=-m)$$

であることがわかる．よって式 (6.21) から

$$1 = \frac{c\phi(0)}{c - \lambda m}$$

がいえるので，

$$\phi(0) = 1 - \frac{\lambda m}{c} \qquad (6.22)$$

がわかった．ここで新たな変数 p と q を

$$p(=\phi(0)) = 1 - \frac{\lambda m}{c}, \qquad q = \frac{\lambda m}{c}$$

とおこう．すると式 (6.20) をさらに計算すると

$$M_L(-s) = \frac{\phi(0)}{1 - \frac{\lambda}{cs}(1 - f^*(s))} = \frac{p}{1 - q\frac{1}{ms}(1 - f^*(s))} \qquad (6.23)$$

を得る．ところで X_n の確率分布関数を $F(x)$ とおくと，フビニの定理より

$$\frac{1}{m} \int_0^\infty (1 - F(x)) dx = \frac{1}{m} \int_0^\infty \int_x^\infty f(t) dt dx = \frac{1}{m} \int_0^\infty \int_0^t f(t) dx dt$$
$$= \frac{1}{m} \int_0^\infty t f(t) dt = \frac{E[X]}{m} = 1$$

が成り立つことから $\frac{1}{m}(1-F(x))$ はある確率変数 Y の密度関数になっていることがわかる．確率変数 Y の積率母関数を計算してみよう．すると

$$M_Y(-s) = \int_0^\infty e^{-sx}\frac{1}{m}(1-F(x))dx = \frac{1}{m}\int_0^\infty e^{-sx}\int_x^\infty f(t)dtdx$$

$$= \frac{1}{m}\int_0^\infty f(t)\int_0^t e^{-sx}dxdt$$

$$= \frac{1}{ms}\int_0^\infty (1-e^{-st})f(t)dt = \frac{1}{ms}(1-f^*(s))$$

となる．よって式 (6.23) に代入して

$$M_L(-s) = \frac{p}{1-qM_Y(-s)}$$

が求まった．$t=-s$ としよう．母数 p の幾何分布（負の二項分布のパラメータ k が $k=1$ の場合のもの）の積率母関数が $\frac{p}{1-qe^t}$ なことに注意すると，確率変数 N が幾何分布に従うとすれば

$$M_L(t) = \frac{p}{1-qM_Y(t)} = M_N(\log M_Y(t))$$

となり，1.4 節で議論したとおり，これは複合幾何分布の積率母関数になっている．よって，確率変数 L は複合幾何分布に従うことがわかる．倒産しない確率 $\phi(u)$ は確率変数 L の分布関数に等しかったことを思い出そう．すなわち $\phi(u) = P[L \leq u]$ であり，複合幾何分布に従う確率変数 L の分布関数になっている．よって，$\phi(u)$ の計算を行うには以下のような手順が考えられる．確率変数 L は $f_Y(y) = \frac{1}{m}(1-F(y))$ を密度関数にもつ独立な確率変数列 $Y_1, Y_2, \ldots$ を幾何分布に従う確率変数 N で複合して作った確率変数

$$Z = \sum_{i=1}^N Y_i$$

と同じ分布をもっている．よって，確率変数 Z の分布を計算すれば保険会社が破産しない確率を求めることができる．Y_i の分布関数は $F_Y(y) = \frac{1}{m}\int_0^y (1-F(x))dx$ を計算することから求まり

$$F_Y(y) = \frac{1}{m}y(1-F(y)) + \frac{1}{m}\int_0^y xf(x)dx$$

に等しくなる．次に，確率変数 Y を，離散の値をとる確率変数 Y^d の分布で近似することを考えよう．たとえばお金を1円単位で考えることにし，Y^d が $0, 1, 2, \ldots$ という正の整数の値をとるものと仮定する．次に Y^d が $n(>0)$ をとる確率を

$$P[Y^d = n] = F_Y\left(n + \frac{1}{2}\right) - F_Y\left(n - \frac{1}{2}\right)$$

として，Y を近似することなどが考えられるものと思う．ここまでくれば 1.5 節で考えたパンニャ公式を用いて保険会社が破産しない確率を数値計算することができる．さらに，保険会社が破産しない確率の上下限を求める方法も Dickson(2005) などで議論されているので参考にするとよい．

例 6.2 保険会社の保険金支払額 $X_1, X_2, \ldots$ が独立同一分布で，特に，指数分布に従うときに破産確率を解析的に求めることができる．すなわち $\alpha > 0$ を用いて

$$X_1, X_2, \ldots \sim Ex\left(\frac{1}{\alpha}\right)$$

とする．式 (6.17) を $y = u - x$ と変数変換し，X_i の密度関数 $f(y) = \alpha e^{-\alpha y}$ を代入すると

$$\begin{aligned}\frac{d}{du}\phi(u) &= \frac{\lambda}{c}\phi(u) - \frac{\lambda}{c}\int_0^u f(u-y)\phi(y)dy \\ &= \frac{\lambda}{c}\phi(u) - \frac{\alpha\lambda}{c}e^{-\alpha u}\int_0^u e^{\alpha y}\phi(y)dy\end{aligned}$$

と計算できる．もう一度微分すると

$$\frac{d^2}{du^2}\phi(u) = \frac{\lambda}{c}\frac{d}{du}\phi(u) + \frac{\alpha^2\lambda}{c}e^{-\alpha u}\int_0^u e^{\alpha y}\phi(y)dy - \frac{\alpha\lambda}{c}\phi(u) \qquad (6.24)$$

となるので，式 (6.24) から積分項を打ち消して計算すると微分方程式

$$\frac{d^2}{du^2}\phi(u) + \left(\alpha - \frac{\lambda}{c}\right)\frac{d}{du}\phi(u) = 0 \qquad (6.25)$$

を得る．境界条件は二つある．一つは，$u = 0$ のときであり，$\phi(0)$ は式 (6.22) で与えられているが，指数分布 $Ex(\frac{1}{\alpha})$ に従う確率変数の期待値は $m = \frac{1}{\alpha}$ なこ

とと考え合わせて，$\phi(0) = 1 - \frac{\lambda m}{c} = 1 - \frac{\lambda}{\alpha c}$ となる．もう一つは無限遠点であるが，$u \to \infty$ とすると無限に初期資産をもつ保険会社の破産確率を考えることとなるので $\phi(\infty) = 1$ となる．微分方程式 (6.25) は線形常微分方程式で独立な二つの解 1 と $e^{-(\alpha - \frac{\lambda}{c})u}$ をもつ．よって，方程式 (6.25) の一般解は

$$\phi(u) = a_0 + a_1 e^{-(\alpha - \frac{\lambda}{c})u}$$

であるが，境界条件を考えると

$$\phi(u) = 1 - \frac{\lambda}{c\alpha} e^{-(\alpha - \frac{\lambda}{c})u}$$

であることがわかる． □

6.2.3 個人破産の問題

ここからは問題を変えて，個人破産の問題について考察を行うことにする．ある人が初期資産を u もっていたとしよう．この人は株式に投資していて，その株式は確率微分方程式

$$dS_t = S_t(\mu dt + \sigma dB_t), \qquad S_0 = s$$

に従って価格が変動しているものとしよう．もしこの人が初期時点で全額株式に投資したものとする．その一方で，単位時間当たり c ずつ資産を切り崩していくものとしよう．このような状況で，時刻 t におけるこの人の資産総額を U_t と書くことにしよう．時刻 t においてこの人は $\phi(t) = \frac{U_t}{S_t}$ 単位の株式をもっていることになる．このとき時間の区間 $[t, t+dt]$ における所持額の変化は

$$dU_t = \phi(t)dS_t - cdt = (\mu U_t - c)dt + \sigma U_t dB_t \tag{6.26}$$

となる．ただし $U(0) = u$ である．この確率微分方程式を解いてみよう．もし $c = 0$ であれば，U_t は幾何ブラウン運動なので，確率微分方程式 (6.26) の解は

$$U_t = u \exp\left(\left(\mu - \frac{1}{2}\sigma^2\right)t + \sigma B_t\right)$$

となる.ところが $c > 0$ であれば,もちろんこれは確率微分方程式 (6.26) の解にはならない.そこで,式 (6.26) の解が

$$U_t = f(t) \exp\left(\left(\mu - \frac{1}{2}\sigma^2\right)t + \sigma B_t\right)$$

という関数形をもっているものと仮定したとき $f(t)$ を決定できるか考えてみよう.いま

$$V_t = \exp\left(\left(\mu - \frac{1}{2}\sigma^2\right)t + \sigma B_t\right)$$

とおこう.V_t は確率微分方程式

$$dV_t = V_t(\mu dt + \sigma dB_t), \qquad V_0 = 1$$

を満たしている.$U_t = f(t)V_t$ であり,関数 $g(t,x) = f(t)x$ に伊藤公式を用いて

$$\begin{aligned} dU_t &= dg(t, V_t) = f'(t)V_t dt + f(t) dV_t = V_t\big((\mu f(t) + f'(t))dt + \sigma f(t) dB_t\big) \\ &= U_t(\mu dt + \sigma dB_t) + f'(t)V_t dt \end{aligned}$$

と計算できる.これが確率微分方程式 (6.26) と等しくなるには

$$f'(t)V_t = -c$$

であればよいことがわかる.$f(0) = u$ に注意しながら積分すると

$$f(t) = u - c\int_0^t \exp\left(-\left(\mu - \frac{1}{2}\sigma^2\right)s - \sigma B_s\right) ds$$

であることがわかる.よって

$$U_t = \exp\left(\left(\mu - \frac{1}{2}\sigma^2\right)t + \sigma B_t\right)\left\{u - c\int_0^t \exp\left(-\left(\mu - \frac{1}{2}\sigma^2\right)s - \sigma B_s\right) ds\right\}$$

であることがわかる.この人の生涯破産確率を考える前に,この人が未来永劫死ぬことがないとした場合に時刻 T までに破産する確率を求めよう.まずは,二つの確率 $\tilde{P}_1, \tilde{P}_2$ を

$$\tilde{P}_1(u,x,t,T|\mu,\sigma,c) = P[U_T \le x | U_t = u],$$
$$\tilde{P}_2(u,x,t,T|\mu,\sigma,c) = P[\inf_{t \le s \le T} U_s \le x | U_t = u]$$

で定義する．ここで $\tilde{P}_1, \tilde{P}_2$ ともに単位時間当たりの消費支出額 c の関数になっているが，このパラメータが見えない形になるように定式化することも可能である．$W_t = U_t/c$ とすると W_t は確率微分方程式

$$dW_t = (\mu W_t - 1)dt + \sigma W_t dB_t, \qquad W_0 = w \tag{6.27}$$

を満たすことがわかる．ただし $w = \frac{u}{c}$ である．このとき，もちろん

$$W_t = \exp\left(\left(\mu - \frac{1}{2}\sigma^2\right)t + \sigma B_t\right)\left\{w - \int_0^t \exp\left(-\left(\mu - \frac{1}{2}\sigma^2\right)s - \sigma B_s\right)ds\right\} \tag{6.28}$$

が成り立つ．新しい確率 P_1, P_2 を

$$P_1(w,y,t,T|\mu,\sigma) = P[W_T \le y | W_t = w],$$
$$P_2(w,y,t,T|\mu,\sigma) = P[\inf_{0 \le s \le T} W_s \le y | W_t = w]$$

とおけば，$y = \frac{x}{c}$ のとき

$$\tilde{P}_1(w,x,t,T|\mu,\sigma,c) = P_1(w,y,t,T|\mu,\sigma), \quad \tilde{P}_2(w,x,t,T|\mu,\sigma,c) = P_2(w,y,t,T|\mu,\sigma)$$

となる．時刻 T までに資産額が 0 以下になることがあればその時点で破産なので，この人が時刻 T までに破産する確率は $P_2(w,0,t,T|\mu,\sigma)$ に等しい．ところが，$P_2(w,0,t,T|\mu,\sigma)$ について以下の関係が知られている．

定理 6.2
$$P_2(w,0,t,T|\mu,\sigma) = P_1(w,0,t,T|\mu,\sigma)$$

証明 いま W_t の満たす確率微分方程式 (6.27) の解 (6.28) を考察すると，以下の関係

$$W_T \le 0 \iff w \le \int_0^T \exp\left(-\left(\mu - \frac{1}{2}\sigma^2\right)s - \sigma B_s\right)ds$$

に気が付く．ところで，積分 $w - \int_0^t \exp(-(\mu - \frac{1}{2}\sigma^2)s - \sigma B_s)ds$ は単調減少なので，W_t はいったん 0 を下回ると二度と 0 を上回ることはない．よって，いったん W_t が 0 以下になれば最終時刻 T においても $W_T \leq 0$ を満たす．すなわち，$\inf_{0 \leq t \leq T} W_t \leq 0$ ならば $W_T \leq 0$ である．逆に，最終時刻 T において $W_T \leq 0$ ならば $\inf_{0 \leq t \leq T} W_t \leq 0$ がいえるので定理が証明されたことになる． □

この定理より時刻 T までの個人破産確率 $P_2(w, 0, 0, T|\mu, \sigma)$ を計算するには，より単純な $P_1(w, 0, 0, T|\mu, \sigma)$ を計算すればよいことがわかった．ところで $P_1(w, 0, t, T|\mu, \sigma)$ は期待値を用いて書くと $P_1(w, 0, t, T|\mu, \sigma) = E[1_{W_T \leq 0}|W_t = w]$ と書け，ファインマン・カッツの定理を用いれば偏微分方程式

$$\frac{\partial P_1}{\partial t} + (\mu w - 1)\frac{\partial P_1}{\partial w} + \frac{1}{2}\sigma^2 w^2 \frac{\partial^2 P_1}{\partial w^2} = 0 \qquad (6.29)$$

とその境界条件

$$P_1(w, T) = 1_{w \leq 0}$$

を満たすことがわかる．よって，この偏微分方程式を解いて $P_1(u, 0)$ を求めれば破産確率が求まる．一番安易かつ確実にこの偏微分方程式を解く方法は，差分解法を用いて解くことである．また，$P_1(w, t) = E[1_{W_T \leq 0}|W_t = w]$ を計算する場合に，$w \leq 0$ ならば $P_1(w, t) = 1$ となることはあらかじめわかっている（一度資産額が 0 を下回ると二度と資産額が 0 を上回ることができない）．よって $w \geq 0$ の領域で偏微分方程式を解けばよい．新しい変数を $P_j^n = P_1(n\Delta t, w_j)$ で定義する．ただし $\Delta t = T/N$ とする．また w_j は $w_j = j\Delta x$ であるものとする．Δx は十分小さい数とし，十分大きな数 W とはある整数 M を用いて $W = M\Delta x$ という関係があるものとする．すると偏微分方程式 (6.29) を

$$\frac{P_j^{n+1} - P_j^n}{\Delta t} + (\mu w_j - 1)\left(\theta \frac{P_{j+1}^{n+1} - P_{j-1}^{n+1}}{2\Delta x} + (1-\theta)\frac{P_{j+1}^n - P_{j-1}^n}{2\Delta x}\right)$$
$$+ \frac{\sigma^2 w_j^2}{2}\left(\theta \frac{P_{j+1}^{n+1} - 2P_j^{n+1} + P_{j-1}^{n+1}}{(\Delta x)^2} + (1-\theta)\frac{P_{j+1}^n - 2P_j^n + P_{j-1}^n}{(\Delta x)^2}\right) = 0$$

と近似し，境界条件 $P_0^n = 1$ $(n = 1, \ldots, N)$ と $P_M^n = 0$ $(n = 1, \ldots, N)$，および終端条件 $P_j^N = 0 (j = 1, \cdots, M)$ の下で計算すればよい．ここでは特に θ を $\theta = 1/2$ と選ぶことにする．これをクランク・ニコルソン法という．このよう

に偏微分方程式を代数計算に置き換えて計算すれば，時刻 T までの数値解を求めることができる．

ところで，ここまでは個人破産確率の計算を行っている個人が未来永劫生きていることを仮定して議論を進めてきたが，本当に知りたいのはこの人が死ぬまで破産することなく生きていくことができるかどうかである．すなわちこの問題は，死亡リスクを加味して議論を行うべき問題である．たとえば，5 章で議論したように死亡率モデルとしてハザード（死力）に式 (5.5) で導入された GOMA モデルを用いることができる．すなわち x 歳時点でのハザードが

$$\mu_x = \lambda + \frac{1}{b}e^{\frac{x-m}{b}}$$

で与えられるものとする．この初期資産を u だけもつ個人の現在（時刻 0）の年齢を x 歳とし，死亡時刻を τ_x とする．すでに 5 章で議論したとおり，現在 x 歳の人の死亡時刻 τ_x は確率変数（停止時刻）で，その確率密度関数は

$$f_x(t) = \exp\left\{-\lambda t + b(\lambda(x) - \lambda)\left(1 - e^{\frac{t}{b}}\right)\right\}\left(\lambda + \frac{1}{b}e^{\frac{x+t-m}{b}}\right)$$

である．この人が死亡前に資産を 0 以下にする，すなわち破産する確率は，新しい関数 P_3 を

$$P_3(w, t, y, x|\lambda, m, b, \mu, \sigma) = P[\inf_{t \leq s \leq \tau_{x+t}} W_s \leq y | W_t = w]$$

とおけば，$P_3(w, 0, 0, x|\lambda, m, b, \mu, \sigma)$ と書き表される．

ここで

$$P_3(w, t) = P_3(w, t, 0, x + t|\lambda, m, b, \mu, \sigma)$$

とおき，破産確率 $P_3(w, 0)$ を求めたい．そのための方法を順々に考えてみよう．時刻 t にこの個人が生きていていれば，この人の年齢は $x+t$ である．また，この時点での資産が $u(= cw > 0)$ とする．すなわちこのタイミングではこの人は破産をしていないものとする．死亡時刻が（t 年から見て）s 年後，すなわち $\tau_{x+t} = s$ ということがわかっていれば，生存時間内にこの人が破産する確率は $P_2(w, 0, 0, s)$ である．このとき，時刻 t においてこの個人が $x+t$ 歳で生存して

おり，かつ時刻 $[t+s, t+s+\Delta s]$ に死亡する確率は Δs が小さければ $f_{x+t}(s)\Delta s$ で近似できるから，個人破産確率は

$$P_3(w,t) = \int_0^\infty P_2(w,0,0,s) f_{x+t}(s) ds \tag{6.30}$$

で与えられることがわかる．よって，個人破産確率 $P_3(w,0)$ は異なる終端時刻の偏微分方程式 $P_2(w,0,t,s)$ を差分法で計算することで求め，その結果得られた $P_2(w,0,0,s)$ を数値積分を用いれば求めることができる．これは数値積分で分割した時間 s の数だけ差分法を用いて数値計算をすることとなり，かなり面倒である．その一方で，実は $P_3(w,t)$ 自体の偏微分方程式を導出し，それを数値的に計算するという選択肢も残されている．そこで $P_3(w,t)$ の満たす偏微分方程式を導出してみよう．今度は時刻 0 において x 歳の人が時刻 $[t+s, t+s+\Delta s]$ で死亡する確率は，時刻 t まで生きていて，かつ，さらに s まで生きていてその上で次の微小時間 Δs の間に死亡する確率 ${}_tp_x f_{x+t}(s)\Delta s$ に等しい．もちろん，これは $f_x(t+s)\Delta s$ と等しくないといけない．よって ${}_tp_x f_{x+t}(s) = f_x(t+s)$ がいえる．このことから式 (6.30) はさらに計算することができて

$$P_3(w,t) = \int_0^\infty P_2(w,0,0,s) f_{x+t}(s) ds = \frac{1}{{}_tp_x} \int_0^\infty P_2(w,0,0,s) f_x(t+s) ds$$

となる．ここで積分の変数変換をして，計算の途中で $P_2(w,0,0,s-t) = P_2(w,0,t,s)$ を使えば

$$P_3(w,t) = \frac{1}{{}_tp_x} \int_t^\infty P_2(w,0,t,s) f_x(s) ds$$

であることがわかる．死亡確率 ${}_tp_x$ は式 (5.4) で計算されるので

$$\frac{d}{dt}\frac{1}{{}_tp_x} = \frac{d}{dt} e^{\int_0^t \mu_{x+s} ds} = \frac{\mu_{x+t}}{{}_tp_x}$$

となることに注意すれば，

$$\begin{aligned}
\frac{\partial P_3}{\partial t} &= \mu_{x+t} P_3 - \frac{1}{{}_t p_x} P_2(w,0,t,t) f_x(t) + \frac{1}{{}_t p_x} \int_t^\infty \frac{\partial P_2}{\partial t}(w,0,t,s) f_x(s) ds \\
&= \mu_{x+t} P_3 + \frac{1}{{}_t p_x} \int_t^\infty \frac{\partial P_2}{\partial t}(w,0,t,s) f_x(s) ds \\
\frac{\partial P_3}{\partial w} &= \frac{1}{{}_t p_x} \int_t^\infty \frac{\partial P_2}{\partial w}(w,0,t,s) f_x(s) ds \\
\frac{\partial^2 P_3}{\partial w^2} &= \frac{1}{{}_t p_x} \int_t^\infty \frac{\partial^2 P_2}{\partial w^2}(w,0,t,s) f_x(s) ds
\end{aligned}$$

である [2]．いま $P_2(w,0,t,s) = P_1(w,0,t,s)$ だったことを考え合わせると，$P_2(w,0,t,s)$ は P_1 と同じ偏微分方程式 (6.29) を満たすので，P_3 は偏微分方程式

$$\frac{\partial P_3}{\partial t} + (\mu w - 1)\frac{\partial P_3}{\partial w} + \frac{1}{2}\sigma^2 w^2 \frac{\partial^2 P_3}{\partial w^2} - \mu_{x+t} P_3 = 0$$

を満たしていることがわかる．ただし，境界条件は

$$P_s(w,\infty) = 1_{w \leq 0}(w)$$

であり，無限遠点に境界条件をおかないといけなくなってしまった．

---

[2] $P_2(w,0,t,t) = 0, \ (w > 0)$

参考文献

　以下の文献リストは直接参照した文献を掲載しただけであるので不完全なものであることに注意をしてほしい．また本書の性格上，あまり難解な文献は挙げていない．本書の出版直前に関係する書物がいくつか出版され，重要と思うものについては追加的に掲載をしたが，それらについては必ずしも内容を完全に確認はできていないものもある．ご容赦願いたい．

第 1 章

[1] 尾畑伸明：数理統計学の基礎（クロスセクショナル統計シリーズ），共立出版 (2014)，290 p
[2] 鈴木 武・山田作太郎：数理統計学 ——基礎から学ぶデータ解析，内田老鶴圃 (1996)，406 p
[3] 稲垣宣生：数理統計学（数学シリーズ），裳華房 (1990)，294 p
[4] 竹村彰通：現代数理統計学（創文社現代経済選書），創文社 (1991)，347 p
[5] 吉田朋広：数理統計学（講座数学の考え方），朝倉書店 (2006)，283 p
[6] 渡部隆一：テイラー展開（数学ワンポイント双書），共立出版 (1977)，128 p
[7] 小林昭七：微分積分読本　1 変数，裳華房 (2000)，224 p
[8] 小林昭七：微分積分読本　多変数，裳華房 (2001)，217 p
[9] 清水邦夫：損保数理・リスク数理の基礎と発展 ——クレームの分析手法，共立出版 (2006)，208 p
[10] 高信 敏：確率論（数学の魅力），共立出版 (2015)，308 p
[11] Dickson, D.: *Insurance Risk and Ruin*, Springer (2005), 241 p
[12] ミコシュ T．：損害保険数理，丸善出版 (2009)，237 p

ここでは，本文中で直接参照した文献について簡単に説明をしておく．本章で参照した本を参考文献として挙げておいた．[1] は本シリーズの 1 巻であり，数理統計学について概観した本．数理統計学を初めて学ぶには適当であると思われる．その他，統計学の教科書はさまざまあるが [2], [3], [4], [5] などを薦めておく（後ろほど難しい）．[6] はテイラー展開に関する読み物．現在入手困難と思うが図書館で探すと見つかると思う．[7], [8] は大学 1,2 年生の微分・積分の教科書である．しっかりしているが読みやすい．[9] は損害保険数理で出てくる分布計算について詳しく書かれた本．日本語でこのような本はあまり見当たらず貴重な 1 冊．[10] は最近出版された確率論の本．細かな計算までしっかりと書いてあり素晴らしい内容．ただし測度論の議論に慣れていないと読むのは難しいかもしれない．[11] は破産理論を中心とした保険数学の本．楽しく勉強できる．[12] とともに確率論を一通り学んだ後に保険数学を勉強する際に参照するとよいと思う．なお本書が出版される直前になり次の本も出た．経済系の学生には役に立つように思われるので挙げておく．

[13] 久保川達也・国友直人：統計学，東京大学出版会 (2016)，346 p

第 2 章

[1] 魚返 正：確率論（近代数学講座），朝倉書店 (1968)，198 p

[2] 渡部隆一：マルコフ・チェーン（数学ワンポイント双書），共立出版 (1979)，156 p

[3] 宮沢正清：確率と確率過程（現代数学ゼミナール），近代科学社 (1993)，199 p

[4] シナジ R.B.：マルコフ連鎖から格子確率モデルへ，丸善出版 (2001)，264 p

[5] 尾畑伸明：確率モデル要論 確率論の基礎からマルコフ連鎖へ（数理情報科学シリーズ），牧野書店 (2012)，297 p

[6] 柳田英二・栄伸一郎：常微分方程式論（講座数学の考え方 7），朝倉書店 (2002)，215 p

[7] 高橋陽一郎：微分方程式入門（基礎数学），東京大学出版会 (1988)，164 p

[8] 河村哲也・桑名杏奈：数値計算入門 [C 言語版] (Computer Science Library)，サイエンス社 (2014)，199 p

[1] から [5] まではいずれもマルコフ連鎖が詳しい本である．このうち [2] は基礎的で楽しい本ではあるが，入手は難しいかもしれない．興味があれば図書館などで探してみてほしい．残りの [1], [3], [4], [5] は，いずれの本でもマルコフ連鎖の再帰性の話題などが豊富に掲載されており，しっかりとマルコフ連鎖を学ぶことができる．これらの本の中には，クレジット・リスクのモデリングで CDO の価格評価において用いられた出生死滅過程や破産理論を学ぶために必要となる再生過程に関する話題が載っているものもあり，必要に応じて取捨選択して読むとよい．[6], [7] は常微分方程式に関するものである．[6] は初期値問題・境界値問題・力学系と多くの内容が書いてあり，常微分方程式を学ぶのには適当ではないかと思う．[7] は常微分方程式でも結構難しい内容まで載っている．確率解析を一通り学んだ後に読み返すと含蓄がありおもしろい．[8] は数値計算のわかりやすい本である．常微分方程式や数値計算については良書が多数あり，各自の興味に応じて本を選ぶとよい．

第 3 章

[1] 佐藤 坦：初めての確率論 測度から確率へ，共立出版 (1994)，206 p

[2] 藤田岳彦：ファイナンスの確率解析入門，講談社 (2002)，246 p

[3] 石村直之：確率微分方程式入門 数理ファイナンスへの応用（数学のかんどころ），共立出版 (2014)，159 p

[4] 成田清正：確率解析への誘い，共立出版 (2016)，373 p

[5] エクセンダール B.：確率微分方程式，シュプリンガー (1999)，387 p

[6] Kuo, H.: *Introduction to Stochastic Integration* (Universitext), Springer (2006), 291 p

[7] 長井英生：確率微分方程式（21 世紀の数学），共立出版 (1999)，227 p

[8] 谷口説男：確率微分方程式（数学の輝き），共立出版 (2016)，221 p

[9] 西山陽一：マルチンゲール理論による統計解析（進化する統計数理），近代科学社 (2011)，168 p

[10] 庄司 功・尾崎 統：局所線形化法による確率微分方程式のパラメータ推定，統計数理 44 巻 (2), 211–226(1996)

[1] はわかりやすい測度論的確率論の本．数理ファイナンスを学ぶのには測度論による確率論を学ぶことが必須であるが，この本を推奨したい．[2] は測度論を使わずに確率解析と数理ファイナンスの考え方を説明した本．数学科以外の学生が初めて確率解析を学ぶには最適．本章の内容は [2] の影響を大きく受けている．[3] も測度論を前提としていないが，[2] より通常の確率解析の教科書に近い雰囲気を感じさせる．大学院で数理ファイナンスを学びたい学部学生は本書に加えて [1]，[2]，[3] を読んでおくと本格的な勉強の際に助かるのではないかと思う．[5] は 1990 年代にわかりやすいと評判になった教科書の日本語版．話題の選択がおもしろい．[6] は [5] より証明がしっかりしていて読みやすい．[5] と [6] は相互補完的に読むとよい．[7] はしっかりした本．確率制御の話などにも触れている．修士課程の学生にとっては良書と思う．また本書の出版直前に [4]，[8] が出版された．合わせて確認してほしい．[9] は日本語で書かれた数少ない拡散過程の推定に触れている書物．ただ，確率と統計を両方理解していないと読めないというのは学生さんには負担が重いかもしれない．[10] は本書で触れた局所線形化法による拡散過程のパラメータ推定法の開発者自身による解説である．また [4] には本書では扱わなかった連続的にサンプリングがなされた場合の拡散過程のパラメータの尤度関数の構成法についての簡単な言及があるようである．

第 4 章

[1] Young, V., Zariphopoulou, T.: Pricing Dynamic Insurance Risks using the Priciple of Equivalent Utility, *Scandinavian Actuarial Journal*, **4**, 246–279 (2002)

[2] Moore, K., Young, V.: Pricing Equity-linked Pure Endowments via the Priciple of Equivalent Utility, Insurance, *Mathematics and Economics*, **33**, 497–516 (2003)

[1] は 4.2 節を書く際に元にした論文．同様の考え方は，保険のみならず非完備市場でデリバティブの価格評価をするための考え方として 2000 年代に数多くの研究がなされた．[2] は，4.2 節の考え方を支払額が株価に依存する場合に拡

張しても同じ考え方で保険料の計算ができることを示している．

第 5 章

[1] 古川浩一・蜂谷豊彦・中里宗敬・今井潤一：コーポレートファイナンスの考え方，中央経済社 (2013)．340 p

[2] Milevsky, M.: *The Calculus of Retirement Income*, Cambridge University Press.(2006), 335 p

[3] 小野寺嘉孝：物理のための応用数学，裳華房 (1988)．172 p

[4] 酒井孝一：無限級数（数学ワンポイント双書），共立出版 (1977)．121 p

[5] 遠山 啓：初等整数論，日本評論社 (1972)．254 p

[6] ゲルバー H. U.: 生命保険数学，シュプリンガー・ジャパン (2007)．237 p

[7] Koller, M.: *Stochastic Models in Life Insurance*, Springer(2011), 230 p

　[1] はコーポレート・ファイナンスの基本的な教科書の一つ．学部レベルの教科書としては内容が充実していて安心して薦められる．[2] は数理ファイナンスと保険数学の境界領域を扱った本の一つ．GOMA モデルや変額商品の価格評価が扱われている．[3] は物理で出てくるさまざまな計算がわかりやすく書かれた本．特に，特殊関数についてはとてもわかりやすく書かれている．[4] は無限級数に関する好著．大学 1 年生程度の内容にもかかわらず，大学の教員になって読んでもいまだに楽しい．[5] はいまなお読み継がれる初等整数論の名著．楽しく読める．後半に連分数について述べている．[6] は生命保険数学の名著 *Life Insurance Mathematics* の邦訳．[7] は数少ない現代的な記述で統一された生命保険数学の本．ティーレの微分方程式や変額商品の価格評価などについても詳しい．なお Moore and Young (2003) は 4 章で紹介している．

第 6 章

[1] 岩沢宏和：リスク・セオリーの基礎，培風館 (2010)．254 p

[2] 井上昭彦・中野 張・福田 敬：ファイナンスと保険の数理，岩波書店 (2014)，448 p

[3] Rolski, T., Schmidli, H., Schmidt, V. Teugels, J.: *Stochastic Processes for*

Insurance and Finance, Wiley. (1999), 672 p

[4] 佐藤健一：加法過程，紀伊国屋書店 (1990), 384 p

[5] Huang, H., Milvesky, M. A., Wang, J.: Ruined Moments in Your Life: How Good are the Approximation,Insurance, *Mathematics and Economics*, **34**, 421–447 (2004)

損害保険数学の本としては，すでに 1 章で紹介した Dickson(2005) やミコシュ (2009) の他にも [1], [2], [3] などの本が出版されているので参照するとよい．[4] は加法過程の本．読むのは大変だと思う．個人破産理論は [5] を参考に執筆した．

索　引

■ 数字・欧文

(a, b, 0) 分布族　4, 11
1 次分数関数　147
2 項分布　7
GOMA(Gompertz=Makeham) モデル
　　136

■ あ

アーラン分布　17
安全割増率　181

一時的　33
一時的マルコフ連鎖　36
一時払い純保険料　153
一致性　116
一般 2 項展開　10
伊藤型確率積分　80
伊藤公式　86

後ろ向き方程式　43

エクセス・レート　113
エクセス・ロス型再保険　23, 113
エッシャー原理　119

オイラー　55
オプション　94
オルンシュタイン＝ウーレンベック
　　(Ornstein-Uhlenbeck) 過程　87

■ か

カイ 2 乗分布　17
ガウスの判定法　140
拡散項　84
確率関数　2
確率積分　79
確率微分方程式　83
確率微分方程式のパラメータ推定　103
確率分布関数　1
確率母関数　5
確率密度関数　2
加法性　115
ガンマ関数　17
ガンマ分布　17

幾何分布　11
期待効用理論　111
期待値原理　116
既約　33
強凹関数　111
局所線形化　106
ギルザノフ・丸山の定理　100
金融派生商品　94
金利　132

クランク・ニコルソン法　194
クンマー変換　143

効用関数　110
合流型超幾何関数　138

合流型超幾何微分方程式　138
個人破産の問題　191
コール・オプション　94
ゴンパーツ＝メーカム・モデル　136
ゴンパーツ・モデル　136

■ さ

再帰的　33
再帰的なマルコフ連鎖　36
最低支払い保証付き生存保険　167
最低支払い保証付き定期保険　169
裁定状態　96
再保険　23, 113
最尤推定量　3
差分解法　194

ジェンセンの不等式　111
時間斉次的マルコフ連鎖　32
自己充足的　96
指数型効用関数　118
指数分布　3, 17
死亡確率　134
死亡率　134
収支相等の原則　159
終身年金　153
終身保険　155
修正オイラー法　56
純保険料　158
条件付き確率密度関数　30
条件付き期待値　25
条件付き期待値（ブラウン運動による）　76
初期資産額　45
死力　125, 135

推移確率　41
推移率　42

数理ファイナンス　ix
スケール不変性　116
スターリングの公式　141
ストップ・ロス型再保険　23

正規分布　14
正再帰的　33
生存確率　134
生存保険　157
生命表　vi
生命保険の数理　vi
責任準備金　161
積率母関数　5
ゼロ効用原理　117

損害保険の数理　viii

■ た

第1種不完全ガンマ関数　137
対称ランダム・ウォーク　62
対数正規分布　88
対数尤度関数　3
第2種不完全ガンマ関数　137
互いに到達可能　33
タワー・プロパティ　65

チャップマン・コロモゴロフの等式　42
超幾何関数　138
調整係数　50, 181

定期保険　156
定常分布　41
ティーレの偏微分方程式　171
ティーレの方程式　165

同時確率関数　2
同時確率密度関数　2
到達確率　33

到達可能　33
特性指数　179
トリコミ関数　139
ドリフト項　84
ドリフト付きのブラウン運動　104

■ な

日経平均オプション　x

年利　133

■ は

ハザード・レート　125, 135
破産確率　45, 180
破産時間　45
破産モデル　45
破産理論　viii
パンニャの再帰公式　22

非再帰的　33
非対称ランダム・ウォーク　62
微分形（確率微分方程式の）　83
標準偏差原理　117
比例再保険　23

ファインマン・カッツの定理　88, 92
不完全ガンマ関数　137
複合確率分布　18
複合ポアソン分布　19
複利　133
プット・オプション　94
負の2項分布　9
ブラウン運動　72
ブラック・ショールズ・モデル　93
分散原理　117

平均余命　134

ベルヌイ分布　7
変額商品　167
偏微分方程式　89

ポアソン過程　173
ポアソン分布　4
保険会社の資産額　180
保険金現価　152
保険料　115
保険料現価　153
保険料算出原理　115
ポッホハンマーの記号　137

■ ま

前向き方程式　43
マルコフ連鎖　32
マルチンゲール　66

無裁定条件　96

メーカム・モデル　136

■ や

有期年金　154
尤度関数　3

養老保険　157
予定利率　152
余命　134

■ ら

ラプラス変換　186
ランダム・ウォーク　61

離散伊藤公式　67
離散確率変数　1

離散時間マルコフ連鎖　32
リスク　1
リスク愛好的　111
リスク回避的　111
リスク回避度　111
リスク過程　45
リスク中立確率測度　101
リスク中立的　111
リンドベリの不等式　52, 180, 182

ルンゲ・クッタ法　56

レヴィ過程　178
連続時間マルコフ連鎖　41
連続の確率変数　2
連分数展開　147

■ わ

割り引かれたファインマン・カッツの定理　92

[著者紹介]

室井　芳史（むろい　よしふみ）
1997 年　東京大学理学部数学科卒業
2004 年　東京大学大学院経済学研究科博士課程修了
現　　在　東北大学大学院経済学研究科 准教授，博士（経済学）
専　　門　数理ファイナンス

クロスセクショナル統計シリーズ 6	著　者　室井芳史　ⓒ 2017
保険と金融の数理	発行者　南條光章
Series on Cross-disciplinary Statistics: Vol.6	発行所　**共立出版株式会社**
Mathematics for Insurance and Finance	〒112-0006 東京都文京区小日向4丁目6番19号 電話（03）3947-2511（代表） 振替口座　00110-2-57035 URL http://www.kyoritsu-pub.co.jp/
2017 年 2 月 28 日　初版 1 刷発行	印　刷 製　本　藤原印刷
検印廃止 NDC 339.5, 417 ISBN 978-4-320-11122-6	一般社団法人 　　　　　自然科学書協会 　　　　　会員 Printed in Japan

JCOPY ＜出版者著作権管理機構委託出版物＞
本書の無断複製は著作権法上での例外を除き禁じられています．複製される場合は，そのつど事前に，
出版者著作権管理機構（TEL：03-3513-6969，FAX：03-3513-6979，e-mail：info@jcopy.or.jp）の
許諾を得てください．

James H. Stock, Mark W. Watson［著］

入門 計量経済学

INTRODUCTION TO ECONOMETRICS, 2nd Edition

宮尾龍蔵［訳］

B5判・上製・770頁・定価（本体13,000円＋税）・ISBN978-4-320-11146-2

計量経済学の学部入門コース用のテキスト。本書がこれまでのテキストと大きく異なるのは，具体的な応用例を通じて計量手法の内容と必要性を理解し応用例に即した計量理論を学んでいくという，その実践的なアプローチにある。本書では，まず現実の問題を設定し，その答えを探るなかで必要な分析手法や計量理論，そしてその限界についても学んでいく。また各章末には実証練習問題があり，実際にデータ分析を行って理解をさらに深めることができる。読者が自ら問題を設定して実証分析が行えるよう，実践的な観点が貫かれている。本書の重要な特徴の一つに，初学者の自習にも適しており，平易で丁寧な筆致が徹底されている。

CONTENTS

第Ⅰ部 問題意識と復習
第1章 経済学の問題とデータ
第2章 確率の復習
第3章 統計学の復習

第Ⅱ部 回帰分析の基礎
第4章 1説明変数の線形回帰分析
第5章 1説明変数の回帰分析：
　　　仮説検定と信頼区間
第6章 多変数の線形回帰分析
第7章 多変数回帰における仮説検定と
　　　信頼区間
第8章 非線形関数の回帰分析
第9章 多変数回帰分析の評価

第Ⅲ部 回帰分析のさらなるトピック
第10章 パネルデータの回帰分析
第11章 被説明変数が(0,1)変数の回帰分析
第12章 操作変数回帰分析
第13章 実験と準実験

第Ⅳ部 経済時系列データの回帰分析
第14章 時系列回帰と予測の入門
第15章 動学的な因果関係の効果の推定
第16章 時系列回帰分析の追加トピック

**第Ⅴ部 回帰分析に関する
　　　　計量経済学の理論**
第17章 線形回帰分析の理論：
　　　 1説明変数モデル
第18章 多変数回帰分析の理論

付　表／参考文献／用語集
英（和）索引／和（英）索引

共立出版

http://www.kyoritsu-pub.co.jp/
https://www.facebook.com/kyoritsu.pub

（価格は変更される場合がございます）